Dummytronics
2017

Contiene

Elettrotecnica, CAD elettronico e studio approfondito dei Transistor BJT e MOSFET.

Il testo più adeguato per iniziare a progettare e realizzare circuiti elettronici anche come autodidatta.

Seconda Edizione

Scritto, redatto ed edito

Da

Ing. Prof. Marco Gottardo

ISBN: 978-1-326-64561-8

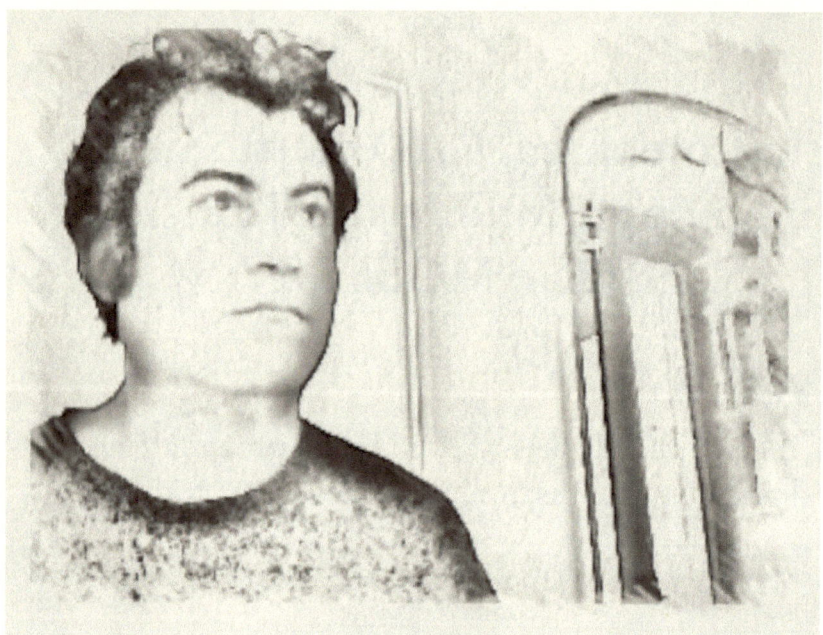

Intro

Questa seconda edizione è la naturale evoluzione del testo "Dummytronics" dell'anno 2012.
Il libro è stato ampliato con nuovi esercizi ed arricchito di una nuova veste grafica e reimpaginazione.

Ing. Prof. Marco Gottardo

Indice:

Sviluppo e costruzione di circuiti stampati home made.

Per iniziare è opportuno munirsi del seguente materiale:

- Un barattolo di idrossido di sodio (comunemente chiamato soda caustica) reperibile presso un negozio specializzato nella vendita di detersivi.
- Un litro di cloruro ferrico per la corrosione dei metalli. Reperibile nei negozi di elettronica.
- Una lampada ad emissione ultra violetta completa di starter e reattore (reperibile in un negozio di elettronica oppure smontando un vecchio cancellatore di EEPROM).
- Delle vaschette in plastica (non devono essere metalliche) per procedere allo sviluppo e alla corrosione, sono molto adatte allo scopo le vaschette ad uso alimentare per la conservazione degli affettati, misura tipica in grado di contenere con qualche centimetro di lasco le basette standard di misura 160 x 100 millimetri. La vaschetta del cloruro ferrico deve avere la capacità di circa un litro.
- Procurarsi un software per lo sviluppo dei circuiti stampati quali FidoCAd, Orcad, Circad o Eagle gli ultimi sono a sbroglio automatico detto auto routing.

Una volta procurato questo materiale bisogna costruire una cassetta di legno (simile a una cassetta da pesca) nel cui coperchio apribile (incernierato) viene fissata la lampada U.V. con il suo reattore e starter.
E' bene munire la lampada di un interruttore e per chi volesse impegnare qualcosa in più anche un timer per lo spegnimento automatico.

Il fotoincisore che stiamo costruendo andrà munito di superfici interne a fondo specchiante (fatte di specchio) e di due superfici di supporto che sosterranno la basetta a metà della sua profondità. Tali superfici saranno costituite da due vetri tagliati all'opportuna misura.

L'esemplare di fotoincisore da me realizzato monta una lampada U.V. Philips da 8 W che richiede un'esposizione di circa 20 minuti.

Procedura di fotoincisione.

Si suppone che siate già in possesso di un master (Lucido) creato con uno dei software già citati che rappresentano il circuito stampato da realizzare. Appoggiare il master in modo che le scritte identificative (che il disegnatore dovrebbe avere riportato si leggano dalla parte corretta quindi non rovesce sopra alla superficie sensibile della basetta alla quale avete appena tolto la pellicola protettiva.

Questa operazione va fatta in fretta perché una volta tolta la pellicola la luce presente nella stanza per quanto poca inizia il processo e potrebbe rovinarvi il prodotto.

Dopo aver appoggiato il mater sulla superficie sensibile, bloccare il tutto con la lastra di vetro in modo da impedire che si formino ombre dovute a inevitabili ondulature del master.

Lasciare in esposizione 20 minuti.

> **Non guardare direttamente la lampada perché è fortemente irritante per gli occhi.**

Procedura di sviluppo.

Dopo aver esposto la basetta sensibile all'esposizione U.V. per 20 minuti (ovviamente con sopra il Master) possiamo spegnere il fotoincisore e effettuare lo sviluppo fotografico il quale avviene nella soluzione di idrossido di sodio (soda caustica).

La questione è: Quanta soda caustica devo mettere?

Questa domanda purtroppo è alquanto priva di senso perché le variabili che influiscono per una corretta esecuzione sono molte, Temperatura dell'acqua di soluzione, percentuale di soluto nell'acqua, tempi di sviluppo etc. Perciò tutto quello che si può riportare è solo una serie di buoni consigli dovuti all'esperienza.

Personalmente con il mio fotoincisore che come abbiamo detto monta una lampada U.V. da 8 watt, imprimo correttamente le basette in 20 minuti ed adoperando acqua a temperatura ambiente (tipicamente esce dal rubinetto a circa 16 gradi centigradi) e sciogliendo per un litro circa due cucchiaini di caffè di soda caustica ottengo un corretto sviluppo anche se i tempi si allungano per oltre 10 minuti.

Quando la basetta viene estratta dal fotoincisore può sembrare priva di ogni impressione (senza la stampa del circuito in essa) ma le piste cominceranno a comparire lentamente una volta iniziato lo sviluppo nella soda.

Perché avviene lo sviluppo? Le basette sono ricoperte (sotto la pellicola protettiva) di una vernice sensibile detta **fotoresist,** quando questa è colpita dai raggi U.V. disgrega le sue molecole rendendole più solubili nell'idrossido di sodio (soda caustica) quindi una volta immersa nella vaschetta di sviluppo dovremmo vedersi sciogliere per primo il fotoresist che non risultava coperto dalle piste del mater.

La soluzione comincia a sporcarsi perché in essa si dissocia il fotoresist.

Con un pennello morbido possiamo accarezzare (con molta cautela) la basetta per accelerare la il processo di scioglimento del fotoresist in più, e quindi si dovrebbe vedere comparire il rame sottostante.

Si raccomanda attenzione e maturità nell'utilizzo di queste sostanze perché sono corrosive e quindi pericolose, l'insegnate deve quindi valutare prima a quale allievo può essere dato l'incarico e quali no.

Attenzione: se l'acqua è calda o caldissima delle volte la reazione è troppo rapida e vi toglie tutto il fotoresist rovinando il lavoro, in questo caso la basetta diventa inservibile a meno che non si usi lo spray per desensibilizzarla. Lo stesso problema si ha per concentrazioni troppo elevate di soda caustica.

Piccole correzioni si potranno comunque fare con dei pennarelli indelebili a punta fina Staedler o Stabilo punta "S".

Quando il rame tra una pista e l'altra ha un colore brillante (ovvero senza residui sottili di fotoresist che potrebbero impedire la corrosione) possiamo fermare, anzi dobbiamo fermare lo sviluppo estraendo la basetta e semplicemente lavandola in acqua.

E' bene ora asciugare la basetta con un Phon oppure semplicemente lasciandola sopra al termosifone o esposta al sole in modo che il fotoresist rimasto (rispecchia la forma delle piste) si fissi meglio al rame.

Quando la basetta è asciutta possiamo avanzare con il processo successivo.

Foratura preliminare.

Lo sviluppatore del master sicuramente avrà predisposto dei fori di fissaggio della basetta al contenitore in cui verrà alloggiato il circuito, è bene eseguire almeno quei fori ora in modo da poter inserire dei fii utili per poter agitare la scheda all'interno della vaschetta del cloruro ferrino.

Senza questi fori non si hanno punti di appiglio e agitare la basetta nell'acido è complicato nonché pericoloso.

Procedura di corrosione.

Una volta assicurati gli angoli della basetta a dei fili ricoperti (in modo di poterla afferrare senza sporcarsi le mani) la possiamo immergere nella soluzione di cloruro ferrico.

Non esiste un tempo standard di immersione perché esso dipende da molte variabili:

- ➤ Temperatura della soluzione.
- ➤ Presenza di più o meno acqua nella soluzione.
- ➤ Stato di saturazione della soluzione dovuto al rame disciolto di lavorazioni precedenti.
- ➤ Agitazione meccanica della soluzione in modo che colpisca con più tenacia il rame da disciogliere.

Nella pratica il processo di corrosione termina quando a vista si ritiene che tutto il rame in più sia stato asportato.

Mediamente con un litro di cloruro ferrico possiamo produrre un centinaio di schede di lato 100 x 160 a patto che queste sia stato disegnate con le tecniche insegnate in questo trattato, ovvero con il basilare concetto di minimizzare il rame da asportare ingrossando le piste al massimo e creando ampie superfici di massa retinate.

Una volta terminato il processo di corrosione estraiamo la basetta e la laviamo in acqua.

Attenzione: il cloruro ferrico è fortemente inquinante e soggetto a speciali normative per la salvaguardia dell'ambiente, è quindi vietato gettarlo nello scarico dopo l'uso (esistono appositi centri di raccolta o va restituito al fornitore).

Una volta asciugata la scheda si deve togliere il fotoresist residuo dalle piste.

Alcune persone (tecnicamente impreparate) confondono il fotoresist con la vernice verde (solder mask) che solitamente ricopre le schede elettroniche, è importantissimo rimuovere il fotoresist e non saldarci sopra perché si formerebbe una mistura bruciacchiata tra la piazzola e il componente che spesso non permette la conduzione elettrica.

La rimozione del fotoresist può avvenire facilmente tramite un batufolo di cotone idrofilo imbevuto con alcol denaturato.

La rimozione può anche avvenire tramite una soluzione a più alta concentrazione di soda caustica rispetto a quella usata per lo sviluppo.

Procedura di foratura.

I fori per l'alloggiamento dei componenti hanno misure standardizzate.

In linea di massima tutti componenti discreti ed integrati non di potenza hanno reofori inseribili in fori del diametro di 1mm, alcuni altri, quali ad esempio i morsetti a vite, i ponti di diodi e altri possono essere inseriti in fori da 1,5 mm ed addirittura in 2 mm.

La nostra attrezzatura quindi dovrà essere munita di punte da trapano di queste sezioni.

Con l'esperienza ci accorgeremo che quella più usata sarà quella da 1 mm.

È bene che il laboratorio sia attrezzato con un trapano a colonna (va bene anche in versione mini) che garantisca una elevata assialità di rotazione.

Per impedire che la colonna, e di conseguenza la centratura dei fori vada rovinata è bene evitare gli usi impropri del trapano come ad esempio lo sfruttare il mandrino come tornio ed eseguire sforzi laterali con una lima sul pezzo in rotazione.

Una volta presa un po' di mano la procedura risulta più agevole di quanto si possa pensare.

Se lo sviluppatore ha degnato il master con la tecnica SMD allora tutta questa procedura si può saltare perché non vi sono fori da eseguire.

In commercio esistono anche degli ottimi mini trapani sia in continua che in alternata che pur essendo usati manualmente (senza la colonna) danno ottimi risultati finali.

All'atto dell'acquisto l'unica cosa da tenere presente è che il mandrina deve essere in grado di ospitare una punta da 1mm.

Tecniche di saldatura – Procedura di montaggio

Innanzitutto è indispensabile capire che un saldatore molto caldo non è migliore di un altro un po' più freddo, anzi spesso le piste e i componenti vengo danneggiati dalle temperature troppo elevate.

Le basette sono costruite in un materiale chiamato vetronite alle quali viene letteralmente incollato un foglio di rame in una oppure entrambe le facce.

La colla che fissa le piste alla vetronite si distrugge per temperature superiori a circa 400 gradi centigradi con l'effetto che queste si staccano completamente rendendo inservibile il circuito stampato (PCB).

Ovviamente se la temperatura è in grado di distruggere le piste è sicuramente in grado di distruggere un circuiti integrato, quindi la prima fondamentale regola è quella di eseguire saldature "veloci".

La punta del saldatore deve essere dritta e non ricurva e terminare non a spillo ma a scalpello sottile.

I migliori saldatori sono quelli termostatati ad una temperatura di circa 360 gradi che corrisponde a liquefazione della lega piombo/stagno 40/60 che normalmente utilizziamo.

Il rotolo di stagno è bene che sia di spessore sottile, circa 1mm di sezione.

La lega di stagno contiene anche una speciale pasta disossidante che aiuta a pulire le superfici di contatto, non serve più acquistare come si faceva un tempo il barattolino di pasta disossidante comunemente detta "pasta salda".

Al contrario di quello che si pensa i saldatori migliori sono quelli a bassa potenza purché siano termostati, dei valori validi sono ad esempio 18 watt o 24 watt. Esistono saldatori anche in continua ed esistono stazioni saldanti aspirate.

Per saldare correttamente bisogna fare si che la forma della saldatura sia conica e questa si ottiene se si segue una particolare tecnica, innanzitutto portare a temperatura la piazzola senza toccare il reoforo (filo terminale) del componente, per circa un secondo, dopodiché scaldare per un altro secondo solo l reoforo ed infine portare rapidamente a fusione lo stagno non sulla punta del saldatore ma sotto di essa, ovvero direttamente sul reoforo lo stagno il qual non incontrando superfici fredde scivolerà giù riempiendo il foro ed adagiandosi sulla piazzola formando il cono.

Se la saldatura non è conica ma a goccia sarà destinata a staccarsi dalla pista in breve tempo causando malfunzionamenti del circuito.

Saldature troppo calde e lente distruggono i componenti e le piste, mentre troppo rapide alla vista risulteranno opache ed è bene rifarle.

Per quanto riguarda la tecnica manuale di saldatura SMD andrà eseguita con saldatori a spillo e filo di stagno molto sottile.

La procedura di montaggio corretta consiste nel eseguire prima la saldatura dei componenti a basso profilo in modo che risultino più stabili durante la fase di saldatura, quindi per primi gli eventuali ponticelli (ricavabili da spezzoni di reoforo tagliati da resistenze), poi fissiamo i diodi e le resistenze, poi i condensatori ed infine i componenti verticali come i condensatori elettrolitici ed i morsetti da stampato.

Nel caso si volesse eliminare una saldatura fatta per errore e un cortocircuito che fortuitamente è avvenuto tra due componenti vicine l'esperienza consiglia non di usare l'assurda e spesso dannosa polpetta ma di sciogliere lo stagno e dare un colpetto a tutta la scheda sul tavolino di lavoro, il materiale di saldatura trovandosi nello stato liquido cadrà tutto sul tavolino liberando il foro e il componente.

Ovviamente questa procedura va fatta con cautela e il colpetto dovrà essere di una onesta intensità per danneggiare la scheda elettronica.

Nozioni minime di FidoCad.

Il FidoCad è un software gratuito liberamente scaricabile da internet per questo motivo è il più usato a livello didattico.

Il programma non svolge lo sbroglio automatico, ovvero non è in grado di trovare da solo i percorsi migliori per le piste quindi sarà il disegnatore che se ne occuperà.

Le misure esterne dei componenti sono standardizzate e contenute nelle librerie del software.

Relativamente ai componenti discreti gli alloggiamenti vengono identificati con la sigla TO seguita da un numero.

Riportiamo i principali alloggiamenti per componenti discreti quali Transistor, MosFet, e regolatori:

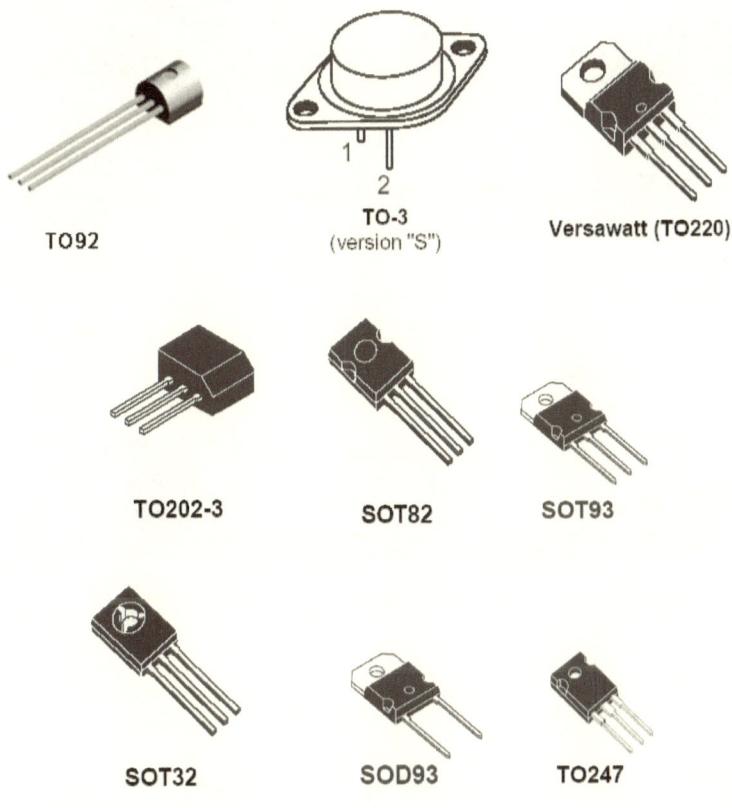

TO92

TO-3
(version "S")

Versawatt (TO220)

TO202-3

SOT82

SOT93

SOT32

SOD93

TO247

Principali alloggiamenti per circuiti integrati di potenza Audio o Switching.

Da qualche anno a questa parte sono disponibili una moltitudine di circuiti integrati dedicati alle più svariate applicazioni Audio di potenza Hi-Fi, la maggior parte di questi componenti sono alloggiati nei sottostanti packaging detti MultiWatt.

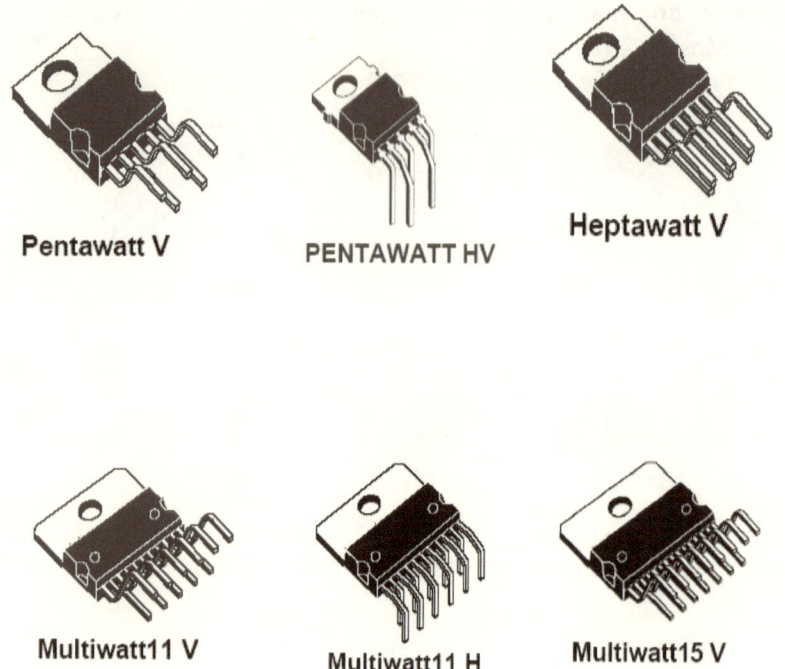

Pentawatt V   PENTAWATT HV   Heptawatt V

Multiwatt11 V   Multiwatt11 H   Multiwatt15 V

In linea generale ognuno dei sovrastanti circuiti integrati sono disponibili nella versione V (ovvero verticale) o nella versione H (ovvero orizzontale).
Oltre alle già citate applicazioni audio spesso hanno questi alloggiamenti dispositivi atti al pilotaggio di mori per asservimenti, regolatori di tensione quali il famoso L200 o l'inverter L298.
Molto usato è anche L296 spesso utilizzato per la costruzione di alimentatori switching.

Atri alloggiamenti molto usati sono qui sotto riportati.
Componenti per applicazioni audio e driver per motorini DC di asservimento.

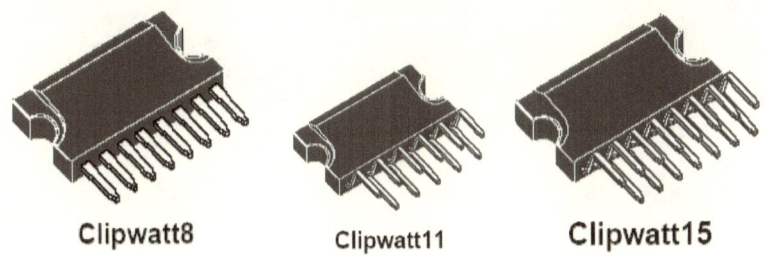

Clipwatt8   Clipwatt11   Clipwatt15

Alloggiamenti dei diodi.

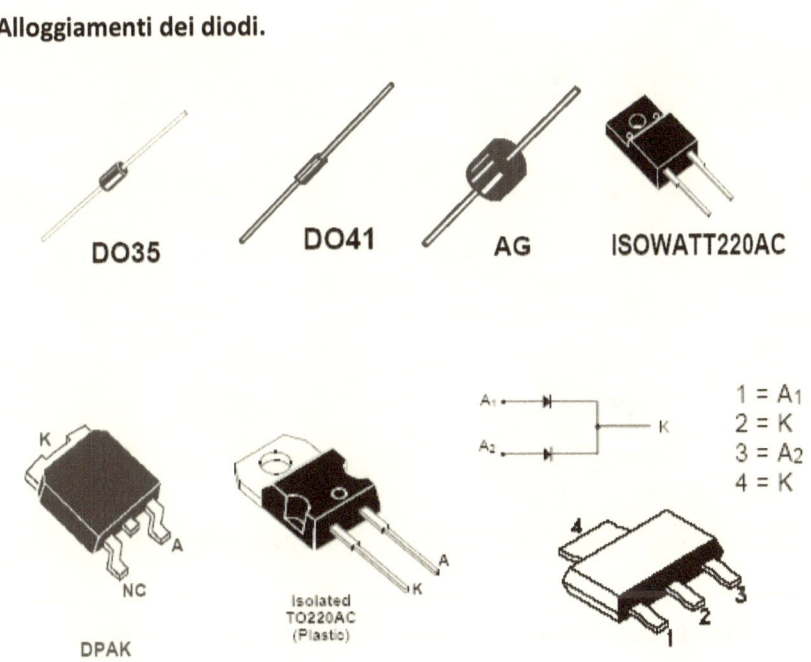

Alloggiamenti dei più usati circuiti integrati dual in line (passo interforo 2,5 mm).

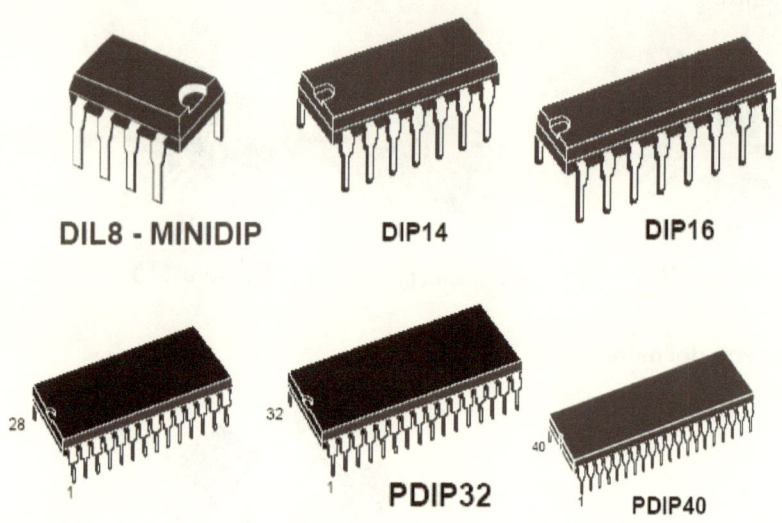

Altre tipologie di housing per circuiti integrati sono ad esempio i Sip, oppure i dual in line finestrati per l'alloggiamento delle memorie EEPROM o di alcuni tipi di processori programmabili.

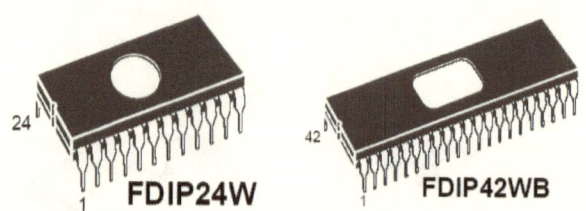

I componenti SIP sono ad inserzione verticale e risultano molto compatti.

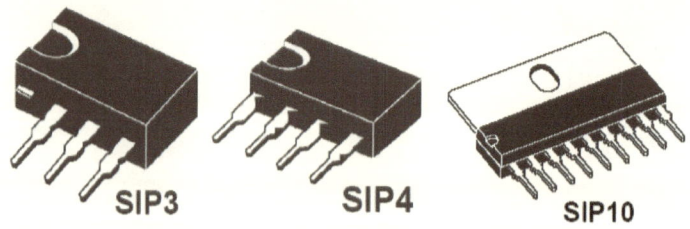

Esistono anche componenti speciali che solitamente non si installano nello stampato.

ISOTOP

RD91

Ovviamente esistono molti altri tipi di alloggiamenti per circuiti stampati qui non riportati, ma con quanto esposto si copre una casistica davvero molto ampia.

Codici colori delle resistenze. Nei montaggi di circuiti elettronici è fondamentale inserire i componenti giusti nel posto giusto: questo vale per transistor, circuiti integrati condensatori e resistenze. Quest'ultime adottano un codice di colori per la determinazione del reale valore ohmico, mediante una sequenza di anelli colorati, in numero pari a 4, 5 o 6.

Codici usati. Fondamentalmente ci sono due tipi di resistenze a basso wattaggio per circuiti elettronici: resistenze a precisione standard e resistenze di precisione. La differenza sta nella diversa tolleranza del valore nominale; per il primo tipo tale valore può variare tra il 5% e il 20%, mentre per il secondo tipo il valore è inferiore al 2%. Tale diversità corrisponde ad un diverso impiego delle resistenze nei circuiti elettronici. Normalmente si adoperando le normalissime resistenze a precisione standard; invece laddove è necessaria una buona precisione, come nei circuiti di misura, è fondamentale l'impiego di resistenze di precisione, il cui valore, rispetto a quello nominale, varia molto poco. A proposito di quest'ultime si possono trovare da 5 o da 6 anelli: il sesto anello, ad dir la verità, non molto frequente, indica il coefficiente di temperatura, utile in determinate situazioni.

Tolleranza.
Qualche esempio di calcolo della tolleranza.
1) Resistenza da 82.000 Ohm con tolleranza del 5%. Il reale valore può variare da un minimo di 82.000*.95=77.900 Ohm ad un massimo di 82.000*1.05=86.100 Ohm.
2) Resistenza da 82.000 Ohm con tolleranza dell'1%. Il reale valore può variare da un minimo di 82.000*.99=81.180 Ohm ad un massimo di 82.000*1.01=82.820 Ohm.

Tabelle dei colori.

Come accennato prima, le resistenze, a seconda della tolleranza, possono avere 4, 5 oppure 6 anelli colorati.

Per individuare il primo anello, si deve partire da quello più vicino ad uno dei terminali metallici:

4 Anelli.

	1° ANELLO	2° ANELLO	3° ANELLO	4° ANELLO
Nero	.	0	x 1	-
Marrone	1	1	x 10	-
Rosso	2	2	x 100	-
Arancione	3	3	x 1.000	-
Giallo	4	4	x 10.000	-
Verde	5	5	x 100.000	-
Azzurro	6	6	x 1.000.000	-
Viola	7	7	x 10.000.000	-
Grigio	8	8	-	-
Bianco	9	9	-	-
Oro	-	-	: 10	5 %
Argento	-	-	: 100	10 %

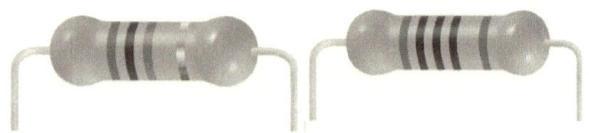

Resistenze di precisione.

Sono utilizzate nei circuiti elettronici che richiedono grande stabilità come ad esempio oscillatori, o stadi di ingresso di strumenti di misura.

5 Anelli.

	1° ANELLO	2° ANELLO	3° ANELLO	4° ANELLO	5° ANELLO
Nero	-	0	0	x 1	-
Marrone	1	1	1	x 10	1 %
Rosso	2	2	2	x 100	2 %
Arancione	3	3	3	x 1.000	3 %
Giallo	4	4	4	x 10.000	-
Verde	5	5	5	x 100.000	0,5 %
Azzurro	6	6	6	x 1.000.000	0,25 %
Viola	7	7	7	x 10.000.000	0,1 %
Grigio	8	8	8	-	0,05 %
Bianco	9	9	9	-	-
Oro	-	-	-	: 10	5 %
Argento	-	-	-	: 100	10 %

6 Anelli. Queste resistenze hanno nell'ultimo anellino identificativo la temperatura consigliata di funzionamento ma sono in realtà applicate piuttosto di raro.

	1° ANELLO	2° ANELLO	3° ANELLO	4° ANELLO	5° ANELLO	6° ANELLO
Nero	-	0	0	x 1	-	-
Marrone	1	1	1	x 10	1%	100
Rosso	2	2	2	x 100	2 %	50
Arancione	3	3	3	x 1.000	3 %	15
Giallo	4	4	4	x 10.000	-	25
Verde	5	5	5	x 100.000	0.5 %	-
Azzurro	6	6	6	x 1.000.000	0,25 %	10
Viola	7	7	7	x 10.000.000	0,1 %	5
Grigio	8	8	8	-	0,05 %	-
Bianco	9	9	9	-	-	1
Oro	-	-	-	: 10	5 %	-
Argento	-	-	-	: 100	10 %	-

Note finali.

Per individuare il primo anello, si deve partire da quello più vicino ad uno dei terminali metallici: non sempre ciò è agevole... In caso di dubbio, si può fare alcune prove, prima partendo da un lato, poi dall'altro, nel conteggiare il primo anello: si possono trovare valori ragionevoli oppure strani.

Multipli.

Ricordo infine i multipli usati nei valori delle resistenze.

- 1 KOhm = 1.000 Ohm
- 1 MOhm = 1.000 KOhm = 1.000.000 Ohm
- 1 GOhm = 1.000 MOhm = 1.000.000 KOhm = 1.000.000.000 Ohm

Pertanto è necessario a stare attenti nell'uso dei multipli!

Valori standard delle resistenze.
E' noto che qualsiasi valore resistivo può essere ottenuto dall'applicazione della legge di ohm e dalle formule che regolano le resistenze equivalenti di connessioni serie o parallelo.
Le case costruttrici mettono però in commercio dei valori standard che in praticamente ogni applicazione si adattano bene.
Nella tabella qui sotto riportiamo i valori commerciali.

VALORI DELLE RESISTENZE IN COMMERCIO E LORO CODICE A COLORI

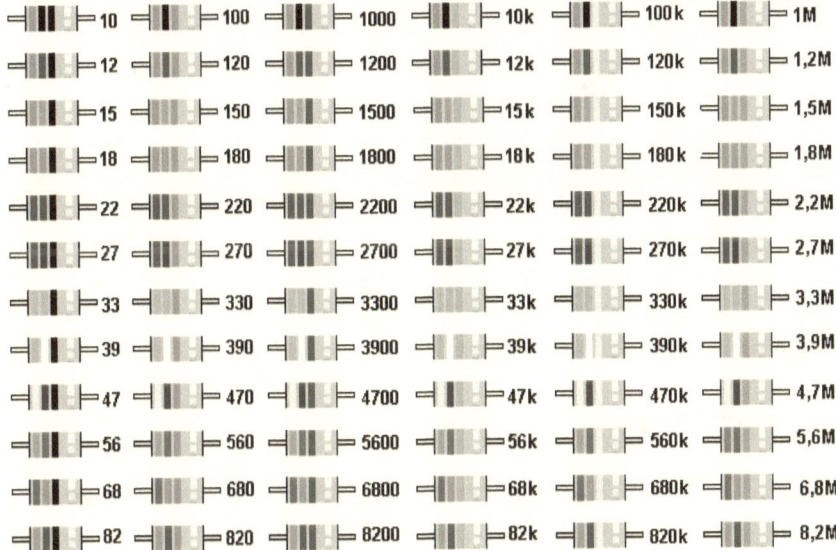

I valori sono espressi in ohm
La lettera "k" sta per 1000 (esempio: 120k = 120.000 ohm)
La lettera "M" sta per 1.000.000 (esempio: 1,2M = 1,2 milioni di ohm)

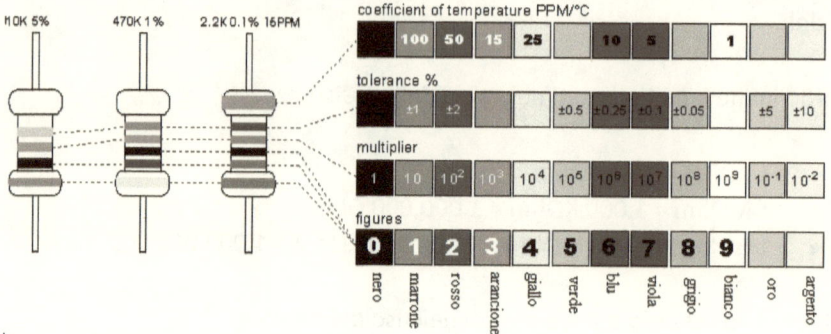

Potere dissipativo delle resistenze.

A seconda delle dimensioni fisiche della resistenza essa sarà in grado di dissipare più o meno potenza sotto forma di calore. Nei circuiti elettronici non di potenza di solito le resistenze sono montate da ¼ di Watt. Esistono resistenze blindate e resistenze al cemento per dissipazioni dai 5 watt in su.

Alcune resistenze di elevata potenza vengono montate con delle alette di raffreddamento o addirittura hanno un piedino a molla saldato con una lega particolare che fonde quando la resistenza si surriscalda, in questo modo il circuito si apre evitando ulteriori danni.

Potenziometri o trimmer.

Le resistenze variabili dette anche potenziometri, hanno una manopola che consente di variare il valore ruotando una manopola o spostando un cursore, il volume di alcune radio è appunto pilotato da una resistenza variabile. Il valore dei potenziometri viene serigrafato sul corpo del componente a volte in maniera bizzarra, ad esempio 4K5 indica un valore di 4,5 Kilo Ohm. Un particolare tipo di resistenze sono le fotoresistente, si tratta in pratica di resistenze variabili il cui valore non è controllato da apparati meccanici ma dalla quantità di luce, un tipico utilizzo di questi componenti sono gli interruttori crepuscolari, quelli che accendono le luci di al calare della sera.

Il condensatore dal punto di vista elettrotecnico.

Dal punto di vista elettrotecnico il condensatore è costituito da due piastre affacciate (nel caso più semplice) o da forme diverse quali cilindri concentrici o sfere concentriche o semplicemente sfere che trovano la seconda armatura in altre forme attigue o semplicemente a terra.

L'unita di misura è il Farad, ma usualmente sono impiegate porzioni molto piccole di esso in quanto risulta essere una unità di misura piuttosto grande a causa di come è definita:

$$C = Q/V$$

dove con **Q** si indica la totale quantità di carica depositata nell'armatura ed espressa in Coulomb, mentre con **V** ovviamente la differenza di potenziale elettrico a cui sono sottoposte le piastre.

Il comportamento del componente è assai diverso a seconda del regime di tensione a cui è collegato, in stazionario si comporta infatti come un interruttore aperto, in transitorio risponde al gradino di Heviside con la classica funzione che è la curva di carica che universalmente viene accettato porti il valore della d.d.p. ai capi del condensatore in 4-5 volte la costante di tempo RC che viene a formarsi nel ramo in cui esso è inserito, in sinusoidale assume invece un comportamento ohmico, noto come impedenza capacitiva, che quando puramente detta (non ha cioè altri effetti che infieriscono nel ramo) causa uno sfasamento della tensione in ritardo di Pigreco-mezzi radianti (90°) rispetto alla corrente.

Il condensatore costituisce anche un accumulatore di energia elettrostatica nella quantità pari alla metà della capacità per la tensione applicata alla piastre al quadrato.

Se usato in regime stazionario tra le piastre si instaura un campo elettrico (vettoriale) anche esso stazionario. L'operatore differenziale "rotore", che esula da questo tutorial, risulta nulla perché se il dielettrico è omogeneo le linee di forza del campo elettrico sono rettilinee, e questo operatore esprime in qualche modo proprio la vorticosità di esse.

La distanza tra le piastre determina l'intensità di questo campo dato che vale la formula:

$$V = E * h \text{ da cui } E = V/h \text{ con h distanza tra le piastre.}$$

Dato che come detto all'inizio la capacità è inversamente proporzionale alla tensione, essa risulterà anche inversamente proporzionale al campo elettrico secondo la formula, ottenuta per sostituzione:

$$C = Q/(E*h)$$

Quindi abbassando il campo elettrico tra le piastre si aumenta la capacità C del dispositivo. Una maniera semplice per ottenere questo scopo è quello di inserire tra le piastre un "dielettrico" più o meno efficace che creando un campo di polarizzazione inverso tra le armature che si andrà a sommare vettorialmente al diretto creato dalle cariche depositate tra di esse avrà appunto l'effetto di diminuire il campo interno complessivo aumentando la capacità, questo a parità di estensione distanza e forma delle armature.

Il condensatore

Il condensatore è un componente elettronico che può immagazzinare una carica elettrica. Di base è costituito da due conduttori che sono separati da un isolante detto dielettrico (carta, plastica, ceramica...). Hanno forme molto diverse solitamente sono dei cilindretti verticali orizzontali, sono costruiti arrotolando due lamine di conduttori isolate dal dielettrico, oppure hanno forma di goccia o bottoncino e sono costituiti da una o più facce metalliche immerse nel dielettrico e collegate in parallelo. La capacità del condensatore si misura in Farad. Oltre alla pila, il condensatore è l'unico dispositivo elettronico che può immagazzinare energia elettrostatica, sotto forma di tensione ma contrariamente alla pila rilascia la sua carica in maniera istantanea o controllata da un carico resistivo, per questo viene usato nei flash delle macchine fotografiche. I condensatori possono essere fissi o variabili quelli fissi a loro volta possono essere normali oppure elettrolitici. I condensatori elettrolitici funzionano esattamente come quelli normali ma poiché il materiale isolante è costituito da un elettrolita hanno una polarità, il piedino polarizzato viene indicato con una freccia o un segno sul corpo del condensatore se non viene rispettata durante il montaggio del condensatore sul circuito questo verrà danneggiato irreparabilmente.

I condensatori variabili sono costituiti da alette di metallo separate da un dielettrico fatto di lamine isolanti o dall'aria. Un classico impiego è la sintonia delle vecchie radio, quelle con la rotella per cercare le stazioni, in questo caso il condensatore è fatto da alette a forma di mezzaluna saldate a pettine su un asse, una serie di queste rimane fissa e un'altra ruota, la capacità varia a seconda di quanta superficie si sovrappone.

I più comuni condensatori sono:

Ceramici	Poliestere	Elettrolitici	Tantalio

Condensatori ceramici (detti anche a disco).

I condensatori ceramici da 10 fino ad 82 picofarad sono siglati con due cifre pertanto la loro lettura è semplice ed immediata.

Per i valori compresi tra 1 e 8.2 le case costruttrici usano il punto, cioè scrivono **1.2 – 1.5 – 1.8** oppure mettono tra le due cifre la lettera p (che sta ad indicare **picofarad**) quindi 1p2 – 1p5 – 1p8   con significato ad esempio di 1 picofarad e 8.

Le prime difficoltà di lettura arrivano con le capacità che superano i 100 picofarad dato che le diverse case costruttrici impiegano una propria modalità di stampigliatura.

Il Metodo giapponese di stampigliare i condensatori ceramici consiste nell'indicare con le prime due cifre la capacità e con la terza il numero degli zeri da aggiungere, quindi i condensatori da 100 -120 – 150 picofarad sono siglati 101 – 121 – 151.

Ovviamente nel caso di condensatori contrassegnati con due dopo le cifre significative verranno aggiunti due zeri, quindi 102 -122 – 152 corrispondono a condensatori di 1000 – 1200 – 1500 picofarad.
Se troveremo dei condensatori siglati 103 - 123 - 153, alle prime due cifre dovremo aggiungere 3 zeri, quindi:

10 + 000 = 10.000 picoFarad
12 + 000 = 12.000 picoFarad
15 + 000 = 15.000 picoFarad.

Altre Case siglano il condensatore in nanoFarad aggiungendo dopo il numero la lettera minuscola n.

Ai condensatori siglati 1n - 10n -100n, per ottenere il corrispondente valore in picoFarad dovremo aggiungere tre zeri, quindi:

1 + 000 = 1.000 picoFarad
10 + 000 = 10.000 picoFarad
100 + 000 = 100.000 picoFarad.

Poiché da 1.000 pF fino a 8.200 pF abbiamo anche valori di 1.200 -1.800 - 2.200 - 3.300 - 4.700 - 5.600 - 6.800 - 8.200 pF, troveremo che la lettera n viene in questi casi interposta tra la prima e la
seconda cifra al posto del punto, pertanto i condensatori siglati 1n2- 1n5 - 3n3 - 4n7 avranno una capacità di 1.200 - 1.500 - 3.300 - 4.700 picoFarad.

Altre Case preferiscono siglare la capacità in microFarad, ma poiché non sempre sul corpo dei condensatori vi è lo spazio per stampigliare numeri con molte cifre, si esclude il primo zero e in luogo della virgola si utilizza il punto, perciò i condensatori siglati .1 - .01 avranno queste capacità:

.1 = 100.000 pF
.01 = 10.000 pF

Condensatori al poliestere (detti anche a Box)

I condensatori al poliestere oltre ad essere siglati con uno dei due sistemi descritti per i condensatori ceramici, possono utilizzare anche la lettera greca u (micro). In pratica la lettera u sostituisce lo 0, (zero virgola), quindi un condensatore siglato u01 avrà una capacità di 0,01 microfarad.

Perciò se abbiamo dei condensatori siglati u1 - u47 - u82, dovremo leggerli 0,1 - 0,47 - 0,82 microFarad.

Sempre sui condensatori in poliestere, oltre al valore della capacità vengono riportati dei numeri o altre sigle che possono trarre in inganno un principiante.

Ad esempio 1K potrebbe essere facilmente interpretato come 1 Kilo, cioè 1.000 picofarad, perché la lettera K viene considerata erroneamente l'equivalente a 1.000, mentre la reale capacità di questo condensatore è di 1 microFarad.

La lettera M, ad esempio 1M, potrebbe essere considerata l'equivalente di microfarad, mentre in realtà le lettere M - K - J presenti dopo il valore della capacità indicano solo la tolleranza:

M = tolleranza minore del 20%
K = tolleranza minore del 10%
J = tolleranza minore del 5%

Quindi un condensatore siglato .01M indica che il condensatore è da 10.000 pF con una tolleranza minore del 20%.
Faccio presente che la maggior parte dei condensatori reperibili in commercio hanno una tolleranza del 20%.

Tolleranze minori del 5% non sono facili da reperire e quando si trovano hanno costi notevolmente elevati.

Preciso che un condensatore siglato con una tolleranza del 20% non significa che abbia uno scarto di capacita del 20% rispetto al valore riportato sull'involucro.

Posso anzi dirvi che quasi sempre questi condensatori hanno tolleranze notevolmente inferiori.

Infatti le Case Costruttrici usando la sigla M assicurano che la capacità non supererà mai il 20% del valore riportato sull'involucro del condensatore, quindi non si può escludere che questa possa risultare anche solo del 7% - 10% - 12% ecc.

Dopo le lettere M - K - J indicanti la tolleranza, sono presenti dei numeri che stanno ad indicare la tensione di lavoro.

Quindi se troverete scritto .15M50 significa che il condensatore ha una capacità di 150.000 picofarad, che la sua tolleranza è M = 20% e la sua tensione di lavoro è di 50 volt.

Se trovate scritto .1K100 significa che il condensatore ha una capacità di 100.000 picofarad, che la sua tolleranza è K = 10% e la sua tensione di lavoro è di 100 volt.

Vediamo un esempio di lettura della capacità del condensatore al poliestere.

Esempio

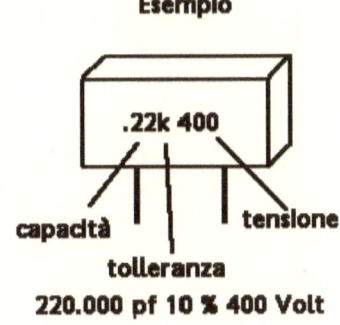

220.000 pf 10 % 400 Volt

Picofarad	A	B
1	1	1p0
1,2	1.2	1p2
1,5	1.5	1p5
1,8	1.8	1p8
2,2	2.2	2p2
2,7	2.7	2p7
3,3	3.3	3p3
3,9	3.9	3p9
4,7	4.7	4p7
5,6	5.6	5p6
6,8	6.8	6p8
8,2	8.2	8p2
10	10	10
12	12	12
15	15	15
18	18	18
22	22	22
27	27	27
33	33	33
39	39	39
47	47	47
56	56	56
68	68	68
82	82	82
100	101	n10
120	121	n12
150	151	n15
180	181	n18
220	221	n22
270	271	n27
330	331	n33
390	391	n39
470	471	n47
560	561	n56
680	681	n68
820	821	n82
1000	102	1n

Picofarad	A	B	C	D
1.000	1n	.001		102
1.200	1n2	.0012		122
1.500	1n5	.0015		152
1.800	1n8	.0018		182
2.200	2n2	.0022		222
2.700	2n7	.0027		272
3.300	3n3	.0033		332
3.900	3n9	.0039		392
4.700	4n7	.0047		472
5.600	5n6	.0056		562
6.800	6n8	.0068		682
8.200	8n2	.0082		822
10.000	10n	.01	u01	103
12.000	12n	.012	u012	123
15.000	15n	.015	u015	153
18.000	18n	.018	u018	183
22.000	22n	.022	u022	223
27.000	27n	.027	u027	273
33.000	33n	.033	u033	333
39.000	39n	.039	u039	393
47.000	47n	.047	u047	473
56.000	56n	.056	u056	563
68.000	68n	.068	u068	683
82.000	82n	.082	u082	823
100.000	100n	.1	u1	104
120.000	120n	.12	u12	124
150.000	150n	.15	u15	154
180.000	180n	.18	u18	184
220.000	220n	.22	u22	224
270.000	270n	.27	u27	274
330.000	330n	.33	u33	334
390.000	390n	.39	u39	394
470.000	470n	.47	u47	474
560.000	560n	.56	u56	564
680.000	680n	.68	u68	684
820.000	820n	.82	u82	824
1 microF.	1	1	1u	105

CONDENSATORI CERAMICI "A DISCO" (parte sinistra della tabella)

Nella prima colonna il valore della capacità come può risultare stampato sul corpo del condensatore se espresso in "picofarad". Nella seconda colonna il valore espresso secondo il codice giapponese, in cui la terza cifra indica quanti ZERI occorre aggiungere dopo i due primi numeri. Nella terza colonna B si noterà che la lettera "p" posta tra due numeri equivale ad una virgola.

CONDENSATORI POLIESTERE "Rettangolari – Box "(parte destra della tabella)

Nella prima colonna, il valore di capacità espressa in "picofarad", mentre nelle altre colonne indicate A-B-C-D, come queste capacità possono venire stampigliate sul corpo dei condensatore. Su questi condensatori le lettere K-M-J poste dopo il numero indicano la TOLLERANZA seguita dalla tensione di lavoro. Nella colonna A si noterà che la lettera "n" posta tra due numeri, equivale ad una virgola.

Housing degli Amplificatori Operazionali

Housing e pinout degli O.P. LM324, TL081, TL082

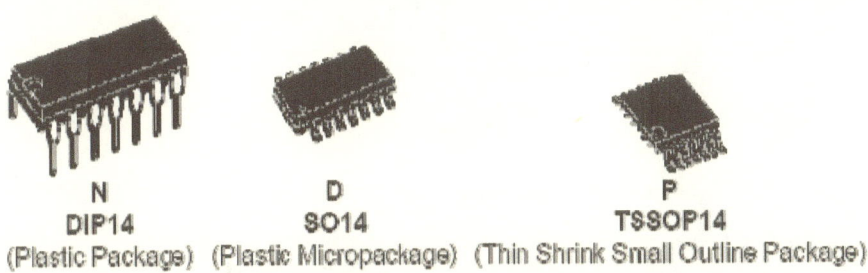

N
DIP14
(Plastic Package)

D
SO14
(Plastic Micropackage)

P
TSSOP14
(Thin Shrink Small Outline Package)

LM324 configurazione interna

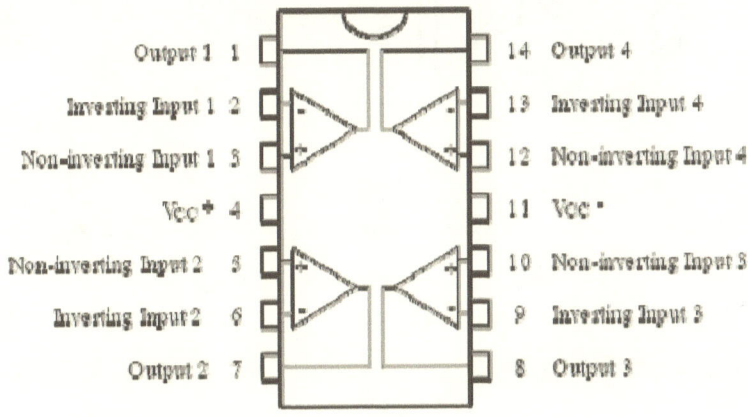

Output 1	1		14	Output 4
Investing Input 1	2		13	Investing Input 4
Non-inverting Input 1	3		12	Non-inverting Input 4
Vcc⁺	4		11	Vcc⁻
Non-inverting Input 2	5		10	Non-inverting Input 3
Investing Input 2	6		9	Investing Input 3
Output 2	7		8	Output 3

Housing del TL081 e del TL082

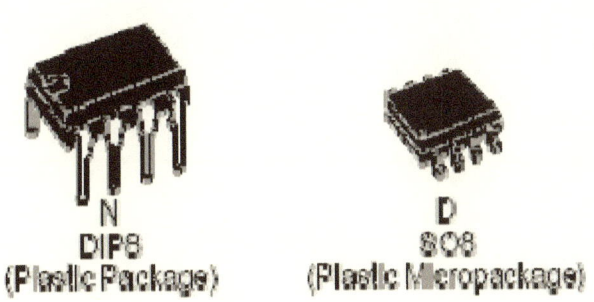

N
DIP8
(Plastic Package)

D
SO8
(Plastic Micropackage)

TL081, uA741

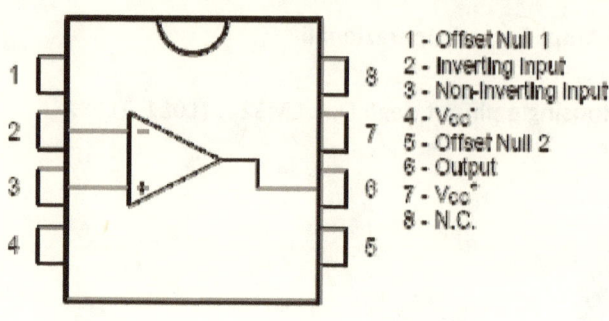

1 - Offset Null 1
2 - Inverting Input
3 - Non-Inverting Input
4 - Vcc⁻
5 - Offset Null 2
6 - Output
7 - Vcc⁺
8 - N.C.

TL082

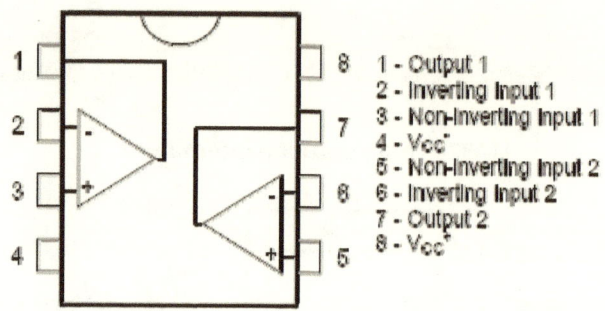

1 - Output 1
2 - Inverting Input 1
3 - Non-Inverting Input 1
4 - Vcc⁻
5 - Non-Inverting Input 2
6 - Inverting Input 2
7 - Output 2
8 - Vcc⁺

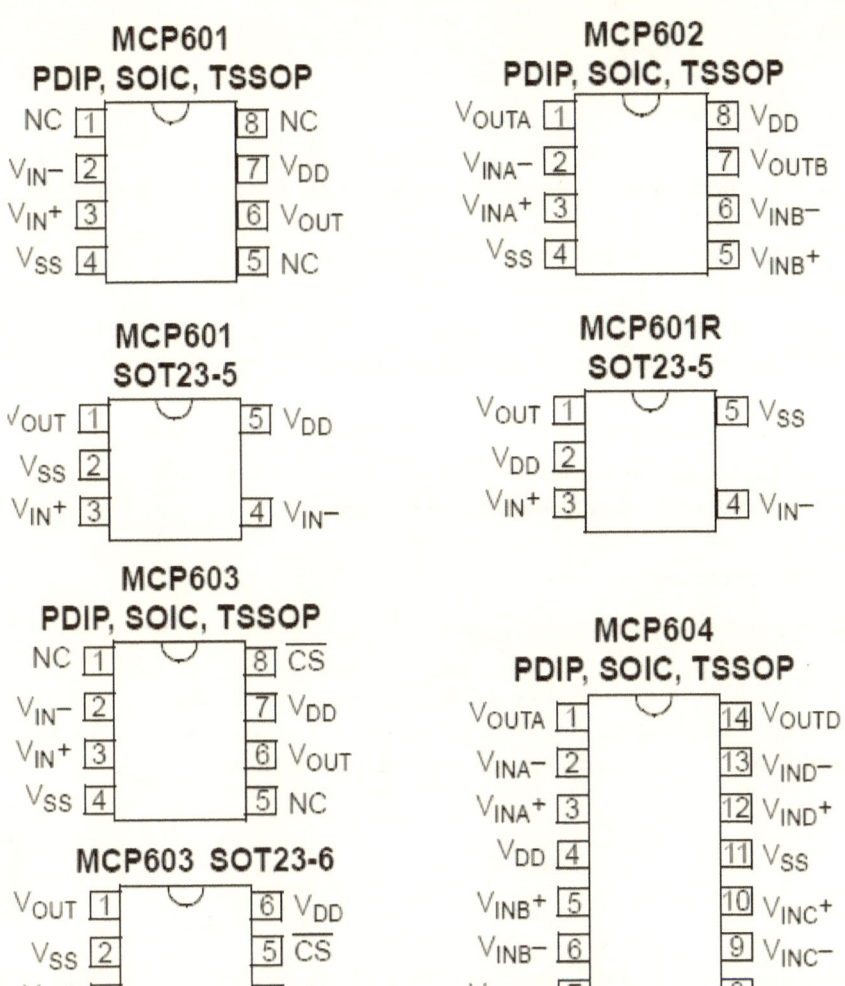

MCP601
PDIP, SOIC, TSSOP

NC	1		8	NC
$V_{IN}-$	2		7	V_{DD}
$V_{IN}+$	3		6	V_{OUT}
V_{SS}	4		5	NC

MCP602
PDIP, SOIC, TSSOP

V_{OUTA}	1		8	V_{DD}
$V_{INA}-$	2		7	V_{OUTB}
$V_{INA}+$	3		6	$V_{INB}-$
V_{SS}	4		5	$V_{INB}+$

MCP601
SOT23-5

V_{OUT}	1		5	V_{DD}
V_{SS}	2			
$V_{IN}+$	3		4	$V_{IN}-$

MCP601R
SOT23-5

V_{OUT}	1		5	V_{SS}
V_{DD}	2			
$V_{IN}+$	3		4	$V_{IN}-$

MCP603
PDIP, SOIC, TSSOP

NC	1		8	$\overline{CS}$
$V_{IN}-$	2		7	V_{DD}
$V_{IN}+$	3		6	V_{OUT}
V_{SS}	4		5	NC

MCP603 SOT23-6

V_{OUT}	1		6	V_{DD}
V_{SS}	2		5	$\overline{CS}$
$V_{IN}+$	3		4	$V_{IN}-$

MCP604
PDIP, SOIC, TSSOP

V_{OUTA}	1		14	V_{OUTD}
$V_{INA}-$	2		13	$V_{IND}-$
$V_{INA}+$	3		12	$V_{IND}+$
V_{DD}	4		11	V_{SS}
$V_{INB}+$	5		10	$V_{INC}+$
$V_{INB}-$	6		9	$V_{INC}-$
V_{OUTB}	7		8	V_{OUTC}

Basi di Fido-Cad.

Il Fido-Cad mette a disposizione un'ampia gamma di librerie contenti gli housing più usati.
Con l'ausilio di queste librerie possiamo realizzare praticamente qualsiasi circuito.
Le nozioni preliminari necessarie sono:

- Impostazione dell'ambiente di lavoro.
- Concetto di layer
- Uso dello zoom
- Contenuto delle librerie
- Inserimento oggetti e selezione spessori

Vediamo nel dettaglio cosa fare:

FidoCAD   Sul desktop una volta installato Fido-Cad sarà presente l'icona di lancio, facendo doppio click il programma si avvia presentando lo splasch (nome del prodotto) riportato nel disegno sottostante.

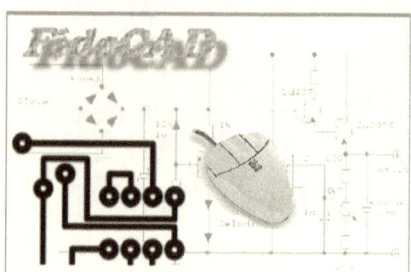

Una volta scomparsa la finestra di presentazione ci troveremo difronte ad un ambiente che ci ricorda vagamente l'Autocad.
Ecco come si presenta la semplice Toolbar del software di disegno.

Se siamo interessati a sviluppare il PCB (circuito stampato) dobbiamo assicurarci che sul selettore di Layer (ovvero selettore del piano di lavoro)

28

sia impostato "PCB lato rame" anche se per default esso si porterà su "schema" indicando un quadratino nero anziché blu.

IL menù Layer ci consente di suddividere il lavoro su più piani, così che il computer in fase di stampa sarà in grado di scindere le piste dalle serigrafie dei componenti che ovviamente non devono comparire nel master.

Il master potrà essere stampato con una stampante al laser su carta lucida specifica.

Al fine di evitare di rovinare il rullo è bene **non provare di stampare su lucido per fotocopiatrice,** la carta specifica è comunque facilmente reperibile in qualsiasi cartoleria.

Il Fidocad mette a disposizione ben 16 Layer, di cui i primo 4 sono predefiniti, essi sono:

- Schema (di colore nero)
- PCB lato rame (di colore blu)
- PCB lato componenti (di colore verde)
- Serigrafie (di colore azzurrognolo)

Una volta settato il Layer possiamo procedere alla creazione del nuovo foglio di lavoro agendo sul comando file seguito da nuovo. Ci verranno proposte tre opzioni mostrate nella figura che segue:

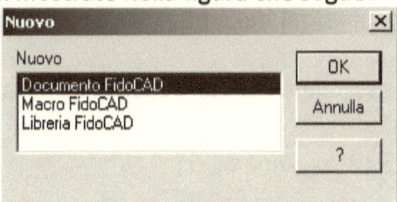

La voce corretta è nuovo -> documento FidoCad

Le altre due voci consento di creare nuovi oggetti da inserire quali ad esempio nuovi componenti, oppure se ci viene fornita da terzi (o perché la abbiamo reperita in internet) intere librerie.

Per le prime esperienze, le librerie fornite di default sono più che soddisfacenti.

Una volta creato il nuovo documento FidoCad comparirà la griglia di lavoro che è già predisposta con il passo coretto. Lo zoom invece è presettato in un ingrandimento molto elevato, quindi è consigliabile portarlo al valore 100% o al massimo 150% al fine di avere una visione più agevole dei percorsi da eseguire.

Inserimento, spostamento, spostamento relativo, rotazione dell'oggetto.

- Se nel toolbar clicchiamo sulla **manina**, potremmo centrare l'oggetto inserito (Macro) nel monitor, ovvero spostiamo tutto il foglio di lavoro visualizzandone una parte sulla finestra del monitor ma non avviene alcun movimento relativo della Macro (ovvero del componente) rispetto agli altri componenti.
- Se nel toolbar clicchiamo sulla **freccetta bianca** sarà possibile spostare la macro all'interno del foglio lasciando invece fermi gli altri oggetti precedentemente inseriti.
- **Per ruotare** un oggetto rispetto al punto predisposto e indicato con il quadratino azzurro è sufficiente dopo averlo selezionato con la freccetta bianca, **premere la lettera R oppure ctrl+R.**

Librerie di FIDO CAD.

Sul lato destro dell'ambiente FidoCAD vi è l'albero delle librerie che contengono le macro espansioni degli oggetti che possiamo utilizzare nel nostro circuito.

L'albero delle librerie standard senza espandere i rami ha l'aspetto rappresentato in figura.

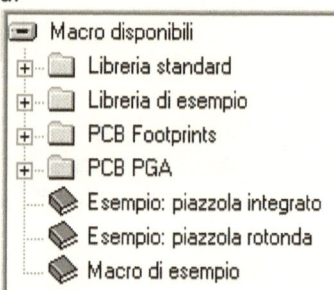

Al fine di poter cominciare a sviluppare la nostra prima basetta espandiamo il ramo PCD Footprint (tradotto dall'inglese significa impronta).

Ovviamente al fine di poter sviluppare un circuito stampato necessitiamo di conoscere gli ingombri e le misure fisiche dei componenti, ovvero il loro "footprint".

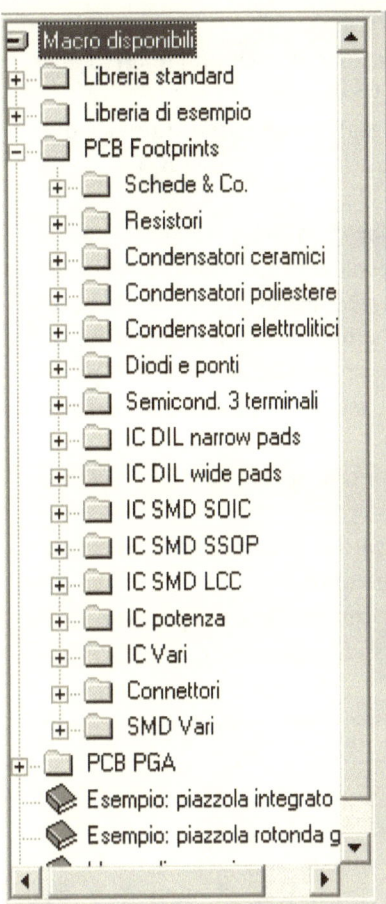

Come possiamo vedere su questa cartella troviamo quasi tutto quello che ci può servire dalle semplici **resistenze** suddivise in dimensioni fisiche diverse a seconda della capacità di dissipare potenza, ai generici **circuiti integrati Dil (dual in line con varie quantità di piedini)**, ai circuiti integrati di potenza **SIP, Clippwatt, multiwatt,** ecc. fino addirittura alla possibilità di inserire una ampia gamma di integrati **SMD** (Surface mounting device).

Sulla prima voce **Schede & Co** troviamo le misure delle basette standard auto imprimenti, in genere si tende a utilizzare la misura 100 x 160 mm e riprodurre in essa più esemplari dello stesso circuito.

Questa ottimizza i costi di produzione.

Sempre in questa voce troviamo i fori per le viti di fissaggio di diametro standard 3MA.

Importante è conoscere la differenza tra **Wide** e **narrow** delle piazzole.

Le prime le usiamo quando il nostro circuito stampato fatto in casa non è eccessivamente denso e quindi le piste più grosse garantiscono che non verranno distrutte durante la fase di foratura.

Altre cose utili le troviamo sfogliando l'albero, ma teniamo presente che FidoCAD consente anche di disegnare gli schemi elettrici. Alla voce **Libreria standard** troveremo non l'impronta dei componenti integrati o discreti ma il loro simbolo grafico che possiamo utilizzare per documentare gli schemi. Riporto alcuni oggetti come esempio.

Le morsettiere.

I circuiti stampati necessitano di punti di accesso e uscita da e verso altri circuiti stampati o macchine elettriche o utilizzatori in genere.

I morsetti a vite da stampato sono caratterizzati da un passo standard di 5 millimetri mentre il loro ingombro fisico coprirà una striscia di PCB larga circa 11 millimetri.

Il FidoCAD non mette a disposizione nella libreria standard il footprint dei morsetti a vite quindi abbiamo due possibili soluzioni, la prima consiste nel crearsi una Macro personalizzata (ma questo esula dal nozionismo di base), la seconda è più che altro un trucco, sapendo infatti che la distanza tra le piazzole è pari a quella di un condensatore al poliestere Box passo 5mm possiamo utilizzare questo componente come se fosse un morsetto a vite.

Ovviamente usando questa tecnica risolviamo il problema della distanza tra i fori ma non quello dell'ingombro fisico.

Per capire quanta area di PCB verrà coperta dalla morsettiera bisognerà ribaltare in maniera perpendicolare lo stesso condensatore.

Per morsettiere a più punti di connessione iteriamo la sovrapposizione di una delle due piazzole del condensatore verso destra o verso sinistra.

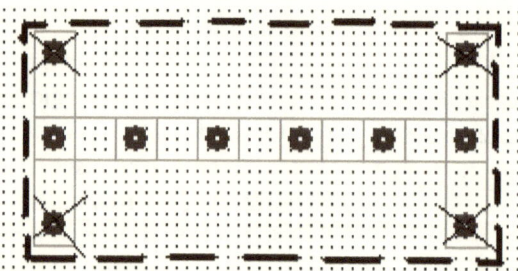

Nell'immagine è rappresentato l'ingombro stimato di una morsettiera a vite da 6 punti di connessione costruita iterando l'ingombro di un condensatore poliestere Box passo 5mm.

Quelli posti in verticale servono solo per stimare l'ingombro fisico e quindi nell'area tratteggiata (che non figurerà nel vostro PC) non dovranno essere inseriti altri componenti.

Se qualche altro dispositivo invadesse quella zona allora a lavoro terminato il morsetto non potrà essere inserito perché sovrapposto ad esso.

Lo Zoom.

Per una corretta visione di insieme è opportuno cominciare il lavoro posizionando lo zoom al valore di 100%.

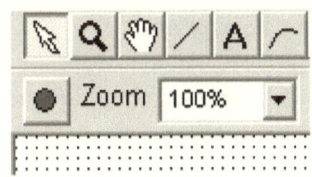

Seguiamo questa procedura per cominciare correttamente il lavoro:

- Dallo schema elettrico identifichiamo e contiamo tutti i componenti.
- Dalla libreria **PCB Footprint** preleviamo tutti i componenti in questione, di quelli mancanti ci procureremo solo l'ingombro fisico usando altri componenti. Procediamo distribuendo su un **nuovo documento fidocad** tutti questi documenti.
- Distribuiamo i componenti sul foglio nella maniera che a priori ci sembra più compatta e opportuna e cominciamo a tracciare le piste ricordando che per la nostra attrezzatura casalinga è bene usare piste di spessore compreso tra i 7 e 9 punti.

Dimensionamento degli spessori delle piste.

Per scegliere correttamente lo spessore delle piste tracciamo un trattino in un punto qualsiasi della pagina, dopodiché selezioniamo la freccia bianca di "Selezione/spostamento" con la quale effettuiamo un doppio click sul trattino di pista.

Comparirà una finestra di selezione che ci invita a selezionare lo spessore più idoneo.

Come precedentemente esposto è bene che per il principiante le piste non siano di spessore inferiore agli 8 punti.

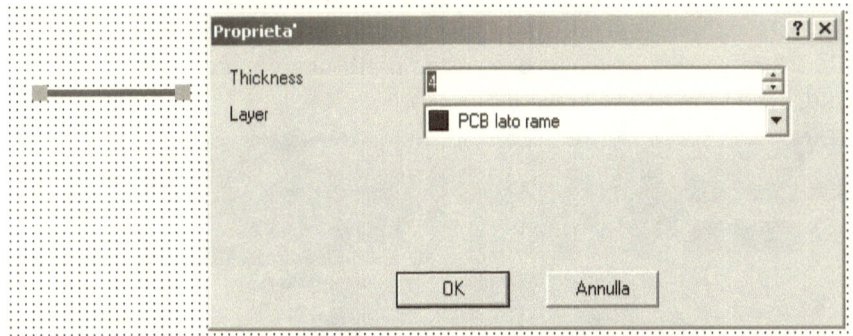

Con la parola **Thickness** si intende lo spessore espresso in pixel del tratto di pista.

Una volta selezionato uno spessore rimarrà tale fino a nuova selezione.

Per default FidoCAD si posiziona inizialmente in uno spessore di 4 pixel come indicato nella figura ma tale spessore è come già detto opportuno per sviluppatori esperti.

La minimizzazione del rame da corrodere.

Al duplice scopo di non saturare rapidamente la soluzione di cloruro ferrico e di massimizzare i piani di massa che riducono le correnti indotte e le resistenze parassite si usa massimizzare gli spessori delle piste.

Una bottiglia di 1 litro cloruro ferrico può essere impiegata per centinaia di esemplari di schede elettroniche solo se queste rispettano la regola di minimizzazione.

Vediamo un esempio con delle immagini che rappresentano lo stesso circuito.

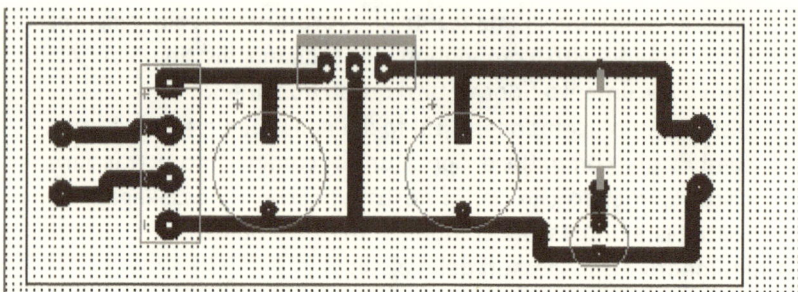

L'alimentatore in figura è corretto e funzionante, le piste sono di spessore 10 pixel e i morsetti hanno un passo di 5 mm.

Le piazzole sono rinforzate ad una dimensione di 20 pixel in entrambi i diametri.

Possiamo notare che la maggior parte della superficie della basetta non è impegnata da piste, quindi la soluzione acida dovrà asportare moltissimo rame quindi garantirà efficacia per un ridotto numero di esemplari.

La soluzione a questo problema consiste nel massimizzare gli spessori delle piste ma questo si potrà fare solo ed esclusivamente solo dopo che si ha la sicurezza che il circuito è coretto, infatti una volta massimizzate la lettura dello schema risulta più difficoltoso.

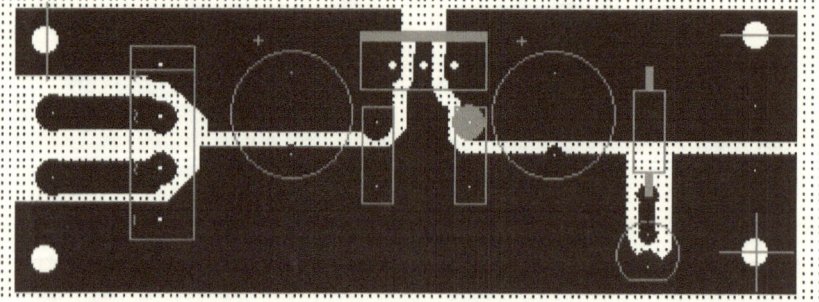

E' evidente come lo stesso schema risulti molto più funzionale e più favorevole al risparmio.

Moltiplicazione degli esemplari.

La minima spesa si ha quando vi è la massimizzazione del prodotto al medesimo utilizzo di materia prima, ne consegue che se nella stessa basetta 100 x 160 mm riusciamo a introdurre un numero elevato di esemplari il costo della medesima sarà suddiviso per il numero degli esemplari.

Il progettista deve tenere ben presente questo obbiettivo.

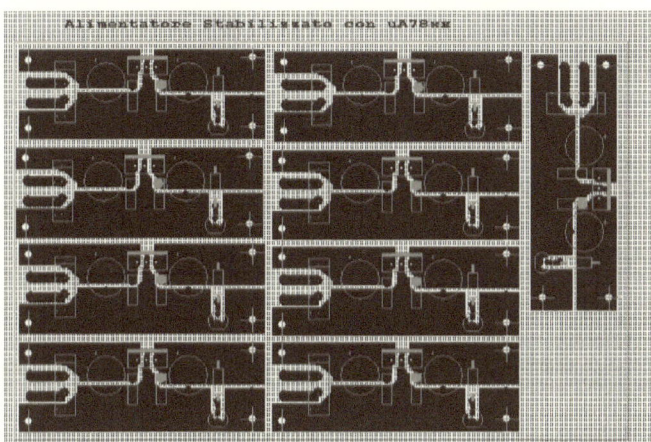

Nella foto sottostante possiamo vedere il prodotto finito, ovvero una alimentatore stabilizzato ricavato tagliando con una forbice da lamiera (cesoia, reperibile in ogni ferramenta), uno dei setti esemplari visibili nel PCB sovrastante. Si noti come sia importante prevedere a priori l'ingombro dell'aletta di raffreddamento.

La dimensione della basetta è 65 mm x 25 mm

Basi di Eagle Esercizio 1: Realizzare il Layout

Dal link sottostante scaricare il progetto Eagle da scompattare nella cartella "Eagle" visibile nel control Panel del Cad. Proseguire il lavoro eseguendo il Layout.

http://www.gtronic.it/energiaingioco/it/scienza/Esercizi_Eagle/barra%2 0led.zip

La valutazione sarà data in funzione di:

- Ottimizzazione degli spazi
- Ergonomia
- Suddivisione logica delle parti quali connettori e componenti attivi
- Orientamento dei componenti
- Ovviamente il PCB, se assemblato, deve risultare "funzionante"

Soluzione:

Iniziamo disegnando uno schema elettrico alla lavagna, non del tutto a casaccio, che abbia un minimo di senso compiuto così che il lavoro svolto possa anche essere utilizzato e non sia solo un mero esercizio.

Decido di impostare una semplice barra led ad 8 punti realizzata con altrettanti comparatori contenuti in due TL084. Uno dei circuiti integrati più diffusi.

Lo schema suddivide la tensione di alimentazione in 8 livelli di tensioni utili (più due che sono la massa e la tensione stessa di alimentazione). Disegno a titolo di promemoria anche la configurazione interna del TL084, ma vedremo che grazie allo sbroglio automatico sarà un'informazione quasi inutile.

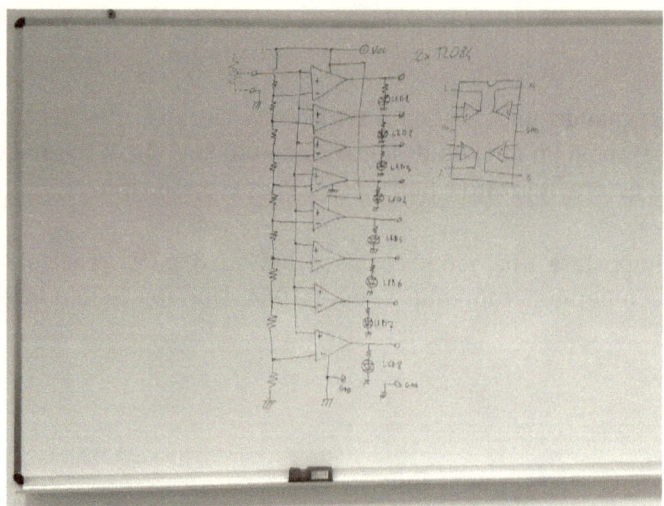

I due morsetti gnd in basso affacciati sembrano una ridondanza ma in realtà permetteranno la corretta connessione del dispositivo all'alimentazione e il collegamento ad un eventuale display esterno connesso tramite un cavo flat al connettore strip. Successivamente eseguiamo la conversione dello schema elettrico fatto a mano alla lavagna nello schema Eagle. Dal pannello do controllo del CAD, a livello della cartella chiamata di default Eagle, sita sulla cartella documenti, eseguiamo i seguenti step:

- tasto destro -> nuovo progetto
- all'interno del progetto (ha l'aspetto di una cartella rossa) facciamo tasto destro ->new schematics
- dalla barra degli strumenti laterale sinistra clicchiamo ADD per entrare nelle librerie e selezionare gli oggetti

Alla fine otteniamo il seguente lavoro:

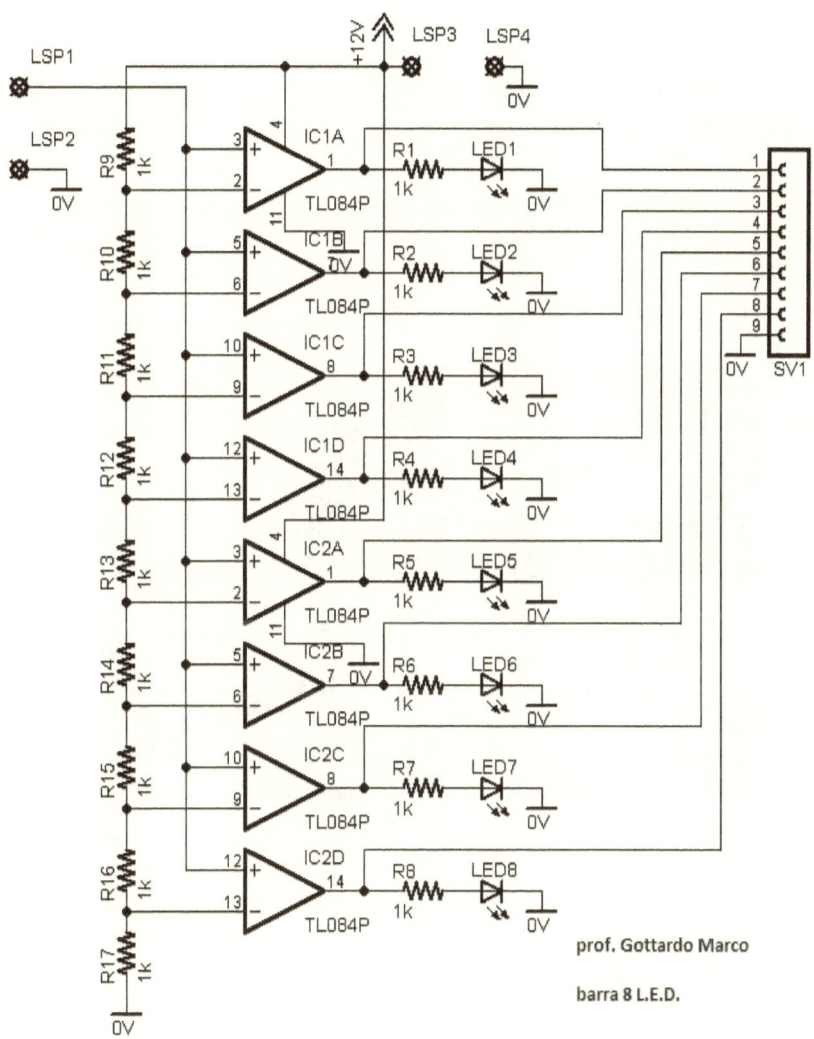

prof. Gottardo Marco

barra 8 L.E.D.

Proseguiamo eseguendo lo sbroglio automatico agendo nell'apposito tasto nella colonna di sinistra in basso.

Inserire lavoro primo del bording:

Dopo avere trovato un layout che riteniamo accettabile per ingombro estetica e funzionalità lanciamo l'auto Routing:

Possiamo accettare il lavoro eseguito dagli algoritmi se questo non presenta palese carenze dei tracciati, non mancano piste e di conseguenza non ci sono fili elastici gialli di rimanenza, il numero dei Vias è il minore possibile, quindi ci sono meno passaggi possibili tra il top layer e il bottom layer. E' importante che non ci sia spazio vuoto sulla superficie del PCB dato che il suo costo in ambito industriale è fortemente influenzato da questo parametro.

Ecco il primo risultato ottenuto:

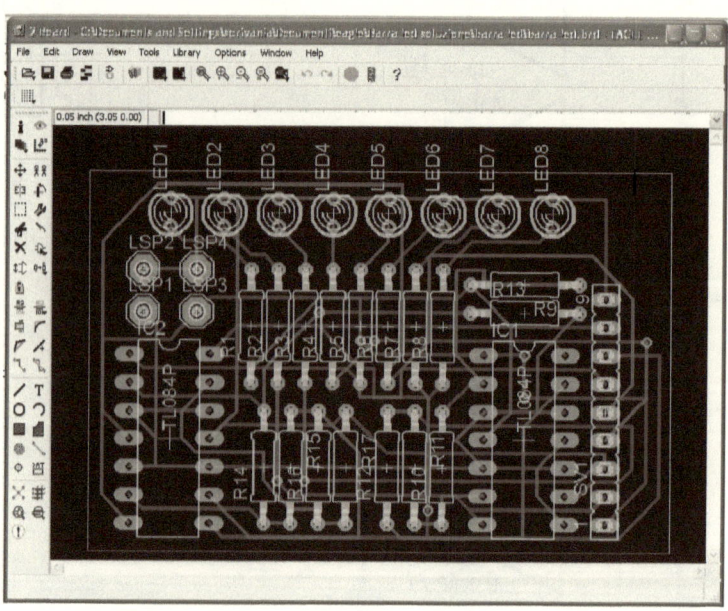

Come possiamo notare dall'immagine, il layout scelto presenta solo 2 vias, ovvero un numero ben accettabile e risulta molto compatto. E' comunque bene, quando possibile come in questo caso, ingrossare un po' le piste. Il questo caso la questione non sarebbe obbligata perché non si avrebbe una carenza funzionale accettando lo spessore di default, ma in altri casi in cui sono presenti alte potenze queste piste non sarebbero in grado di supportarle.

Procediamo quindi all'inspessimento delle piste agende su un layer alla volta.

http://www.gtronic.it/energiaingioco/it/scienza/Esercizi_Eagle/Barra-led-sbroglio-piste-fine.zip

Il passaggio conclusivo più importante riguarda la sistemazione delle serigrafie. Senza fare questo il PCB risulta anonimo e con gravi carezze informative a livello di assemblaggio.

Accettando la posizione di default delle serigrafie dei nomi dei componenti si può verificare che, come per le due resistenze in alto a sinistra, la nomenclatura sia addirittura invertita.

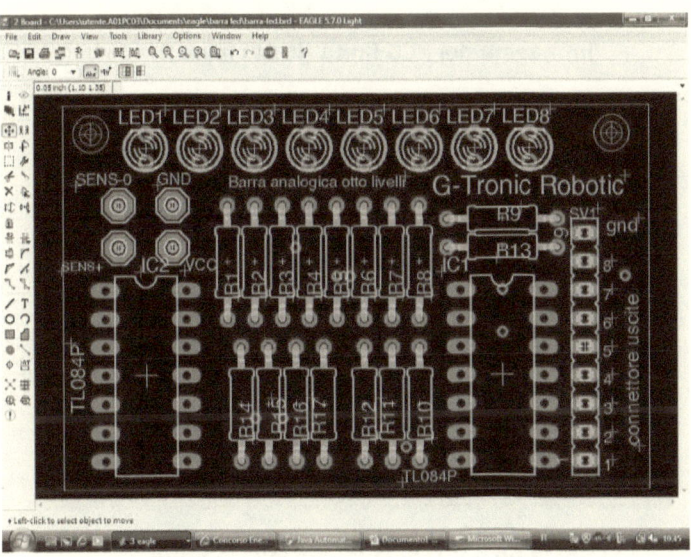

http://www.gtronic.it/energiaingioco/it/scienza/Esercizi_Eagle/barra_led_serigrafie.zip

Ecco la versione finale. IL PCB ha tutte le piste portate allo spessore 0.024 e come da immagine precedente le serigrafie sono state ottimizzate.

Ordinarli in Cina è solo a livello di esercizio di realizzazione concreta, nel senso che a partire da un'idea avete fatto un disegno, avete sbrogliato lo schema e realizzato concretamente un PCB, fino ad avere in mano i pannellini contenenti gli esemplari.

http://www.gtronic.it/energiaingioco/it/scienza/Esercizi_Eagle/barra-led-finito.zip

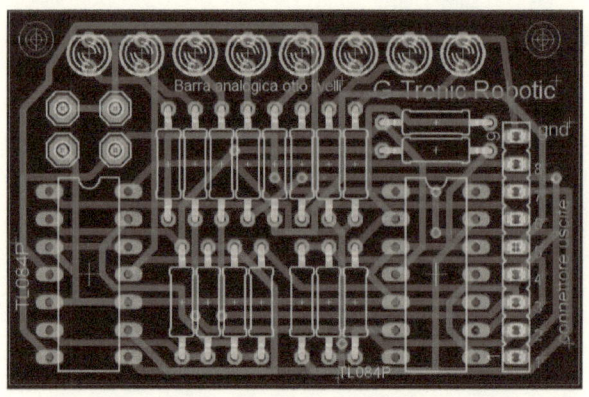

Immagine del PCB finito (tutti i layers)

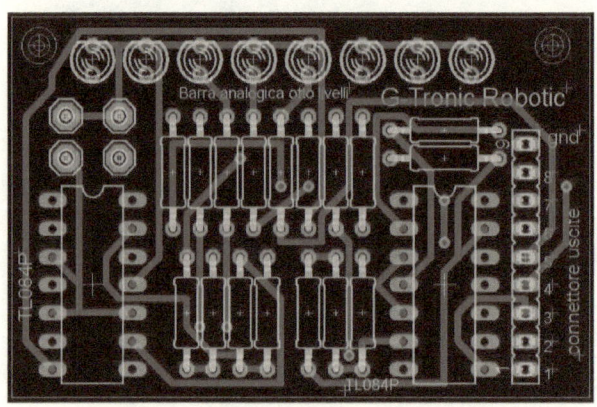

Immagine del TOP layer del lavoro finito

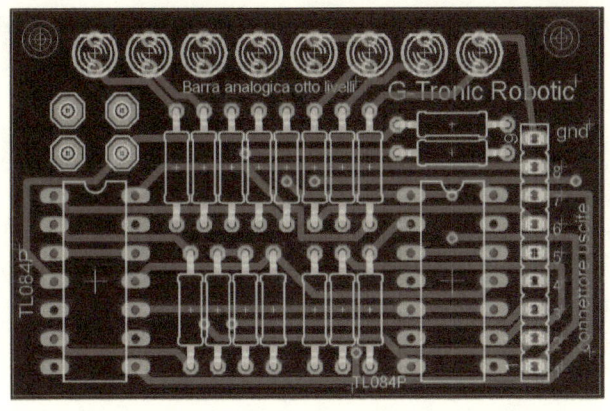

Immagine del bottom layer (PCB finito)

Verifica degli ancoraggi.

Durante il lavoro si può verificare che alcune connessioni sembrano eseguite correttamente ma in realtà sono inesistenti.

Ci si accorge della mancanza della connessione in fase di boarding solo se si ha una certa dimestichezza elettronica con lo schema in fase di costruzione.

In caso che l'errore passasse inosservato si produrrà un PCB con piste mancanti. Spesso questo errore si verifica quando non è stato chiamato il tasto "invoke" con l'obbiettivo di aggiungere ai circuiti integrati i terminali di alimentazione Vcc e gnd.

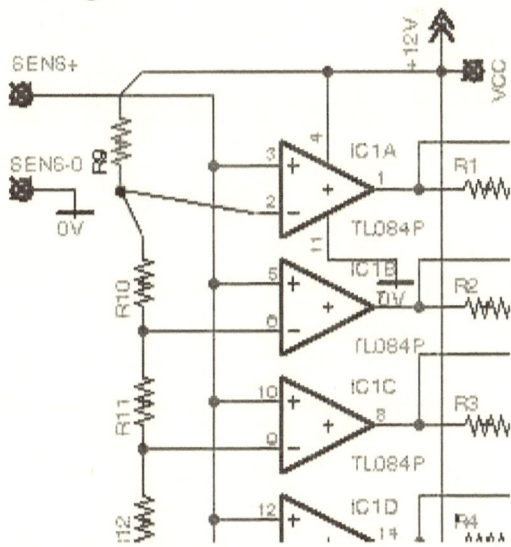

La verifica degli ancoraggi avviene puntando con il mouse ogni componente, nell'immagine stiamo testando R9, e spostandoli provvisoriamente dalla posizione di qualche centimetro verificando che tutti i fili connessi al componente seguano il componente nel movimento con un'azione elastica. Ovviamente dopo il test il componente viene rimesso in posizione. Si raccomanda di eseguire scrupolosamente questa azione in ogni progetto perché l'errore è molto insidioso e spesso invisibile. Scoprirete che a volte spostando una resistenza vi restano in mano i fili pur sembrando l'oggetto connesso.

Il nostro tutorial si conclude qua.

Spero di avere fornito a tutti gli appassionati un utile strumento con cui alleggerire il loro apprendimento.

Glossario CAD elettronico.

- **Eagle:** E' il nome del CAD di cui è argomento questo tutorial, per coincidenza è Aquila ma il realtà si tratta di un acronimo ovvero **Easily Applicable Graphical Layout Editor**
- **PCB:** printed circuit board ovvero circuito stampato, spesso chiamato amichevolmente "basetta".
- **Layer:** Piani di lavoro del PCB. Il PCB più scadente realizzato con procedimenti industriali e con il cad Eagle è di norma almeno dual Layer. Raramente single layer visto che quasi non esiste differenza di costo con grande vantaggio per la superficie impegnata nel laminato, parametro di riferimento principale per il calcolo del costo. I file costruttivi devono avere almeno un Top Layer (piano superiore che contiene piste ne lato componenti), Bottom Layer (piano inferiore che contiene piste nel lato saldature ed eventualmente i vias). Due Solder mask relativi ai piani che possono essere esposti verso l'utente, un piano denominato 'Drill' o maschera di foratura che dice all'automa dove effettuare i fori e con che diametro, un piano di fresatura (GKO) in cui si determina sia il taglio di contorno del PCB che le eventuali asole o finestrature interne, ad esempio per passare con il diplay o alloggiare la batteria nel contenitore ecc.
- **Silk:** comunemente nota come serigrafia, disegna sul lato componenti o sui lati componenti i 'footprint' dei medesimi. E' un ottimo ausilio in fase di assemblaggio. Molti PCB assemblati in maniera automatica robotizzata possono non riportare le serigrafie perché' inutili all'automa. In fase di ordine del PCB vi verrà chiesto di decidere il colore da usare. Generalmente un PCB FR4 dual layer in tecnologia through-hole (a saldatura di pin passanti, ovvero le schede con i fori attraverso cui passano i pin dei componenti) vengono fatte di colore verde con serigrafie bianche. Una tecnologia FR2 a sigle layer, in molti casi più che sufficiente potrebbe avere il colore verde dal solo lato saldature ed essendo il laminato FR2 di colore naturale bianco sarà opportuno eseguire il silk (serigrafie) di colore nero.
- **Solder mask:** Si tratta di una vernice con scopo protettivo che ricopre le piste di rame lasciando scoperti solo i punti in cui avvengono le saldature. Questa manovra è possibile perché' i file gerber contengono dei files aggiuntivi detti 'solder mask' che impediscono all'automa verniciatore di buttare il solder mask sulle piazzole. I colori più comuni sono il verde (in assoluto il più usato), il marrone, il rosso, il nero (piuttosto raro) e altri che è

meglio evitare. Per non avere sovrapprezzi in fase realizzativa è bene mantenere il colore verde di default.

- **FR4:** Tecnologia costruttiva del laminato con cui si può realizzare un pcb. Questo non è unico e la trattazione è piuttosto ampia. Il laminato è piuttosto costoso come complesso è il procedimento per ottenerlo. Invito i lettori a visionare le tabelle di questo sito per avere un'idea abbastanza approfondita sull'argomento: http://www.eltos.it/it/content/it-material.htm

- **Quadrotto:** Termine pseudotecnico con cui ci si riferisce alla superficie standard di laminato che la macchina automatica può lavorare. Ovviamente per minimizzare i costi l'azienda fornitrice cercherà di proporre al cliente l'utilizzo di un intero quadrotto, ad esempio un metro quadrato sollecitando all'acquisto di una quantità minima di esemplari del PCB coprenti questa superficie.

- **Drill:** Foratura esiste un file che contiene tutte le informazioni relative a dimensione e coordinate dei fori.

- **CAM:** Computer-Aided Manufacturing (produzione industriale assistita dai computer). Al giorno d'oggi molto importante dato che praticamente ogni processo industriale è assistito dal calcolatore usato come sistema di controllo delle macchine automatiche.

- **Gerber:** Standard con cui i file CAD vengono riconosciuti dalle macchine automatiche per la produzione industriale dei PCB. Senza questi file le fabbriche potrebbero non essere in grado di produrre a meno che non abbiano un ingegnere in ufficio tecnico che si assuma la responsabilità di creare i file al posto vostro applicando ovviamente un sovrapprezzo per il servizio. In una indagine di mercato ho constatato che la manovra produce un sovrapprezzo di oltre 150€ sulla produzione di PCB di circa 50mmX50mm. La produzione dei gerber avviene agendo sul tasto CAM.

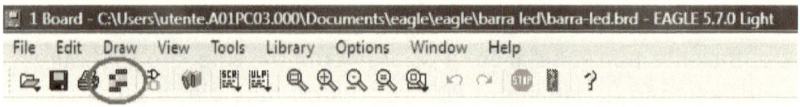

- **Mill:** Letteralmente 'Laminatoio'. Stiamo parlando infatti di laminati con spessori e tecnologie costruttive che devono essere ben chiare sia a chi compra i PCB che a chi li realizza con le macchine automatiche. E' importante ad esempio, non solo perché' influenza il costo finale ma anche perché' determina il funzionamento finale del circuito lo spessore delle lamine di rame da cui si ricavano le piste. Vedi tabelle nel link indicato in precedenza.

- **Vias**: Sono fori metallizzati utili all'interconnessione. Questi possono essere di tre tipi: passanti, ciechi, sepolti. In ogni caso hanno la superficie interna ricoperta di materiale conduttivo metallico che permette un ottimo collegamento elettrico tra la piazzola di partenza e quella di arrivo. Ovviamente in un circuito meno vias ci sono meglio è, specie nelle sezioni di potenza dato che rimangono dei punti critici (deboli) del circuito. I vias ciechi collegano uno dei layers esterni, top o bottom con un layer interno, i vias 'buried' (sepolti) sono connessioni tra due layers interni. Esistono pcb che facilmente hanno e superano i 32 layers in poco più di un millimetro di spessore.

Nozioni indispensabili di elettrotecnica.

Un buon elettronico non può ridursi ad essere un mero assemblatore di KIT o di circuiti "pre impacchettati" è indispensabile che riesca a capirne la logica e i teoremi che la sorreggono. Solo in questo modo potrà riadattare un circuito standard preesistente alle sue specifiche esigenze. Per fare questo è necessario tornare tra le braccia di mamma elettrotecnica.

Marco Gottardo.

Cosa e perché'?

Gli argomenti elettrotecnici che da qui innanzi tratterò saranno solo ed esclusivamente quelli che trovano diretto riscontro e applicabilità in passaggi di dimensionamento e collegamento logico con argomenti elettronici. Cercherò di esporre i contenuti con parole semplici usando allegorie e promemoria come è il mio stile. Cercherò di compendiare con numerosi esercizi, un glossario che spieghi ogni termine inusuale al principiante, e ampie note ed esempi di fine pagina. Cercherò inoltre di svincolare ogni argomento l'uno dall'altro in modo che chi fosse interessato ad uno specifico capoverso non sia costretto a sorbirsi il contenuto di tutto il capitolo.

Come già detto, qui non troverete quasi mai frasi contenute negli usuali testi scolastici perché' tutto è presentato secondo il mio modo di essere, di esporre e di pensare. Troverete definizioni, teoremi, principi, metodi di calcolo, ed esempi, esposti nel modo in cui ho testato essere efficace in giovanissimi tecnici che spesso durante le spiegazioni intervengono dicendo....haaa.vedi..adesso si che ho capito...   hoooo, è così? ma non potevano dirmelo prima? ..cosi' non ripetevo l'anno.

Glossario di elettrotecnica

Impedenza = Comportamento ohmico di un componente che per sua natura non è ohmico, quali una capacità o una induttanza, quando sollecitate con una tensione sinusoidale.

Sinusoide = Traccia lasciata in funzione del tempo dalla funzione trigonometrica seno.

Fase = Benché' in molti ambiti con il termine fase si intenderà uno specifico cavo del circuito o della macchina elettrica il termine indica sempre un angolo. Quindi fase=angolo.

Riferimenti per le fasi = La grandezza di riferimento è sempre la tensione rispetto al secondo termine di paragone che è la corrente. Quando si parla di carico "capacitivo" si verifica che la tensione è in ritardo di "pigreco mezzi radianti" ovvero 90° rispetto alla corrente. Viceversa, si parla di carico "induttivo" quando la tensione è in anticipo di 90° rispetto alla corrente.

Sfasamento = Presa come riferimento la fase della tensione "alfa", e confrontata con la fase delle corrente "beta" si chiama sfasamento la differenza "fi"=(alfa-beta). Ovviamente "fi" è la nota lettera greca.

Fasore = Con questo termine si indicherà la rappresentazione statica di tensioni e correnti che in regime sinusoidale risulterebbero sempre in movimento e quindi gestibili con calcoli piuttosto difficili di tipo trigonometrico o differenziale. Nel campo dei fasori vale un'algebra molto simile a quella vettoriale ma il cui campo di esistenza è quello dei numeri complessi.

Valore efficace = il valore efficace di una grandezza periodica è quell' equivalente valore di tensione continua che nello stesso tempo trasferirebbe sullo stesso carico resistivo la stessa quantità di calore per effetto joule. Se la grandezza in esame fosse sinusoidale allora l'estrazione del valore efficace dal valore di picco avviene semplicemente dividendo per la radice di due (non vale per una generica forma d'onda).

Valore di picco = Valore massimo positivo raggiunto da una funzione periodica, più intuitiva nelle funzioni sinusoidali in cui si può pensare facilmente anche alla grandezza picco, ovvero dal massimo positivo al minimo negativo. Dividendo la tensione di picco di una sinusoide per radice di due si ottiene il precedentemente detto valore efficace.

Strumenti a valore efficace = Ad esempio un normale tester o multimetro digitale se non diversamente indicato. Dato che non è possibile visualizzare un valore oscillante è necessario portare a display un valore stabile quale una media e/o un valore efficace. Dato che la media di una sinusoide è zero non ci sarebbe nessuna utilità di informazione quindi si mostra il valore efficace. Alcuni strumenti mostrano informazioni simili ma comunque chiaramente indicate di che tipo. Alcuni strumenti portano la dicitura true RMS.

Seno = dicasi seno dell'angolo alfa la proiezione del punto di intersezione del raggio rotante con la circonferenza goniometrica sull'asse delle ordinate (asse verticale). Dato che il raggio della circonferenza goniometrica è 1 metro per definizione, il valore del seno dell'angolo alfa corrisponderà ad un valore metrico compreso tra -1 e +1.

Calcolatrice consigliata = Per seguire meglio il video tutorial, o semplicemente per essere allineati con il metodo didattico presentato in questo articolo consiglio l'uso della calcolatrice "SHARP EL-506W" con oltre 490 funzioni. Esiste il modello write view che fornisce le stesse potenzialità di calcolo uguali con maggiore leggibilità a display. Ad ogni inizio di anno scolastico invito i mie allievi di fornirsi di questo strumento dato il basso costo, così che si procede meglio ai calcoli dato che seguiranno passo passo i tasti che l'insegnate digita durante le lezioni alla lavagna. Questo è il mio metodo didattico. M.G.

Corrente elettrica = Effetto delle cariche elettriche negative (elettroni) attraverso una sezione di un circuito. Unità di misura ampere. Si misura inserendo lo strumento in serie al punto di interesse, si deve quindi interrompere il circuito originale. Per non perturbare la grandezza in esame la resistenza interna dello strumento deve quindi essere il più possibile prossima a zero.

Tensione elettrica = Effetto delle cariche accumulate tra due punti di un circuito. Unità di misura volt. Si misura inserendo lo strumento in parallelo al punto interessato. Per non perturbare la misura lo strumento deve avere una resistenza interna così alta da risultare paragonabile a infinito (circuito aperto). La tensione si differenzia dalla differenza di potenziale (d.d.p.) perché al contrario di questa è in grado di produrre del lavoro elettrico trasformando nel punto del circuito dell'energia.

Regie stazionario = Considerata una rete elettrica lineare (quando contiene solo generatori e resistori) o non lineare (quando contiene anche elementi che non rispondono direttamente a una legge volt-amperometrica lineare, come diodi condensatori, induttanze, transistor, ecc.) il regime di funzionamento si dice stazionari se per ogni punto della rete le derivate della tensione e della corrente sono sempre nulle in ogni istante. In questo tipo di funzionamento le induttanze si comportano come dei corti circuito mentre le capacità come degli interruttori aperti. Alcuni componenti potranno essere assimilati a dei generatori ideali equivalenti di tensione e di corrente, si pensi ad esempio al diodo rettificatore al silicio 1N4007, quando è polarizzato diretto esso presenterà una caduta costante tra anodo e catodo detta "Vu-gamma" pari a 0,6 V che potrà essere sostituita con un equivalente generatore di tensione.

Regime periodico sinusoidale = si trova in questo regime una rete alimentata con uno o più generatori di corrente e di tensione in grado di imprimere una forma d'onda sinusoidale la quale generalmente non presenta lo stesso angolo (fase) in ogni lato del circuito. Sono più facilmente studiabili le reti sinusoidali così dette "isofrequenziali", ovvero quelle in cui tutti i generatori operano con la stessa pulsazione angolare della forma d'onda impressa. Dobbiamo prestare attenzione ad alcuni componenti che in regime stazionario sono "corti" o "aperti" come le induttanze e i condensatori, perché in questo caso assumeranno un comportamento ohmico, quindi conducono, in maniera proporzionale non solo al proprio valore in Farad o Henry, ma anche alla pulsazione angolare omega della tensione ad essi applicati. Con le trasformazioni fasoriali si può comunque linearizzarne il comportamento e rendere applicabili le normali leggi e teoremi del regime stazionario.

Regime variabile = E' il più complesso da studiare perché studia la reazione della rete e dei singoli componenti durante le variazioni di regime come avviene ad esempio durante le chiusure e aperture degli interruttori o rotture di specifiche parti della rete. Lo studio si effettua tramite le "equazioni differenziali" e si svolge su tre diversi istanti, prima della manovra, durante la manovra, dopo la manovra. Esiste una tecnica di linearizzazione delle reti in regime transitorio che impiega le Laplace trasformate. Queste al contrario di quanto si crede, semplificano i calcoli dato che trasformano operazioni integro differenziali in divisioni e prodotti rispettivamente. Le Laplace trasformate sono tabellate e scaricabili da internet.

Convenzione dei generatori e degli utilizzatori.

Consideriamo un generico bipolo elettrico (componente a due fili), si fissi il riferimento per la tensione. Se, una volta inserito il componente in uno specifico ramo del circuito, la corrente risulta entrante dal morsetto positivo il bipolo è convenzionato da utilizzatore, se invece la corrente risulta uscente dal polo positivo allora il medesimo bipolo è convenzionato a generatore. Nota bene, un generatore propriamente detto può essere convenzionato da utilizzatore, si pensi ad esempio alla batteria del telefonino quando questo è sotto carica. Un bipolo resistore è sempre convenzionato da utilizzatore, infatti in esso vale la legge di ohm e si misurerà con il positivo nel punto di entrata della corrente. Per quanto riguarda la potenza di un generatore di tensione, questa risulterà fornita (o erogata) se il generatore è convenzionato da generatore, risulterà dissipata se il generatore è convenzionato da utilizzatore. Una resistenza dissipa sempre potenza.

Potenza.

La potenza in continua è data da una delle tre formule $P=V*I$, $P=R*I^2$, $P=V^2/R$, ed ha sempre unità di misura Watt.

In alternata si distingue tra potenza attiva, reattiva, apparente. Dato il vettore della potenza complessa, si ottiene la potenza attiva proiettandolo sull'asse delle ascisse, ovvero $W= V*I *cos$ "fi", e si ottiene la potenza reattiva proiettandolo nell'asse delle ordinate V.A.R. $= V*I*sin$ "fi". Con "fi" si vuole indicare la nota lettera greca impiegata per lo sfasamento tensione-corrente, qui non usata per difficoltà grafiche. La potenza apparente rimane solamente $V*I$ con unità di misura Volt-Ampere.

Numeri complessi = il campo dei numeri complessi risulta isomorfo (stessa forma) al piano cartesiano ma ha alcune importanti proprietà. I suoi elementi si chiamano numeri complessi e sono stati ripresi pari pari nello studio dei fenomeni elettrici sinusoidali introducendo una enorme semplificazione di calcolo. E' indispensabile conoscere alcune proprietà fondamentali, queste sono:

- Il piano complesso è formato da un asse orizzontale, detto reale, e da uno verticale detto immaginario.

- I numeri complessi sono coppie di valori, il primo si trova sull'asse reale il secondo su quello verticale detto immaginario.
- I numeri complessi operano nel piano complesso che viene definito "campo complesso". Ogni elemento del piano complesso è un numero complesso ma dal punto di vista elettrico/elettronico sarà inteso come fasore (se tensione o corrente) o operatore complesso (se impedenza). I fasori sono indicati con il segno di vettore oppure una barretta sopra al nome (in caso di difficoltà grafica semplicemente si scrive in stampatello e usando il grassetto) mentre l'operatore complesso ha semplicemente un puntino. Ne consegue che una zeta maiuscola stampatello con il puntino sopra rappresenta l'impedenza.
- Il modulo di un numero complesso è l'applicazione del teorema di Pitagora sulle sue componenti e rappresenta la distanza della punta del vettore con l'origine. Essendo una distanza è sempre positivo.
- Il simbolo "i" o "j" non è un numero ma il così detto coefficiente dell'immaginario, vale infatti $i^2=-1$ questo giustifica il nome "dell'immaginario" dato che non esiste alcun numero che elevato al quadrato dia un valore negativo. L'introduzione del coefficiente "i" rende possibile, in campo complesso, l'estrazione delle radici quadrate di numeri negativi, cosa impossibile in campo reale.
- La somma di due numeri complessi si esegue per componenti. Es: C1=(2+i1) C2=(-1+3i) C1+C2=(1+i4)
- La differenza si esegue concettualmente come la somma.
- Il coniugato di un numero complesso è quel numero (in elettronica/elettrotecnica fasore, specialmente di corrente in fase di calcolo delle potenze) che ha la stessa parte reale ma parte immaginaria invertita di segno. Secondo questa definizione, dati i fasori di tensione e di corrente V=(30+i20) e I=(2-i1) la potenza complessa sul componente interessato da questi parametri vale V I~ (ho indicato il coniugato con il tilde per difficoltà grafica, di solito ha una piccola v sopra la testa). Quindi calcoliamo il valore della potenza complessa eseguendo il calcolo V I~=(30+i20)*(2+1i)= (30*2)+(30*i1)+(i20*2)+(i20*i1)=60+30i+40i-20 si sommano ora tra di loro le parti reali e le parti immaginarie (quelle con la i) e si ottiene S=(40+70i) (con S si indica solitamente la potenza complessa). Ora, la parte senza la i (parte reale) si chiama potenza attiva e si misura in Watt, mentre la parte con la i (parte immaginaria) viene privata del termine i e rappresenta la potenza reattiva e si misura in VAR (volt ampere reattivi). Il componente dell'esempio sta quindi assorbendo o generando (dipende dal circuito) una potenza attiva di 40 watt e

una potenza reattiva di 70 VAR (questa e, una delle cose più importanti).

- Rapporto tra numeri complessi: è un'operazione molto importante perché nel nostro ambito permetterà l'applicazione della legge di ohm. La divisione tra numeri complessi si ottiene moltiplicando entrambi il numeratore e il denominatore per il complesso coniugato del denominatore. Il risultato è generalmente un numero complesso.
- Prodotto di numeri complessi: è in generale un numero complesso e si esegue con le stesse regole del prodotto di due binomi con l'avvertenza che il coefficiente dell'immaginario J moltiplicato per se stesso da come risultato -1.
- Esiste la possibilità di estrarre le radici dei numeri complessi ma capiterà di raro nei normali calcoli di dimensionamento.
- Se usate la calcolatrice consigliata in questo libro "sharp EL-506 a 494 funzioni", si entra in campo complesso agendo sul tasto "mode" e digitando 3. In alto a sinistra del display comparirà "xy" che indica che ci troviamo nelle coordinate rettangolari del piano complesso. Possiamo ora inserire i complessi esattamente come li leggiamo ed eseguire qualsiasi operazione.

Traferro:
Interstizio esistente tra la parte fissa e la parte rotante della macchina. Dal punto di vista fisico (la materia fisica, che ho insegnato parecchi anni nella formazione professionale, e non un pezzo concreto da prendere in mano e toccare) risulta essere equiparabile ad una "resistenza" dato che esistono delle analogie dirette tra grandezze elettriche e grandezze magnetiche (vedi legge di ohm magnetica). Il traferro è spesso sede di dissipazione di energia magnetica.

Iniziamo il capitolo di elettrotecnica.

Cominciamo con l'esporre i principali teoremi e principi esponendone l'enunciato, mostrandone degli esempi e dimostrandone l'utilità in ambito elettronico. Questi sono:

- **Legge di Ohm**
- **Principio dei generatori reali equivalenti**
- **Principio di sovrapposizione**
- **Primo principio di Kirchhoff**
- **Secondo principio di Kirchhoff**
- **Teorema di Thevenen**
- **Teorema di Norton**
- **Teorema di Tellegen**
- **Teorema di Boucherot.**

Legge di ohm.

Il promemoria che fornisco sempre ai miei più giovani allievi è di ricordare la frase "Viva la Repubblica Italiana", le iniziali rappresentano l'equazione V=R*I Dal punto di vista più tecnico la legge di ohm è una equazione di primo grado che stabilisce una relazione lineare (rappresentabile con una retta) tra le due grandezze fondamentali dell'elettrotecnica/elettronica, ovvero la tensione e la corrente. Questa legge definisce un nuovo elemento fisico chiamato Resistenza pari al rapporto della tensione applicata ai capi di un bipolo e la corrente che lo attraversa. Se la legge volt/amperometrica se ne ricava tracciando un grafico per punti risulta lineare allora il bipolo in esame è una resistenza propriamente detta. Questa legge definisce inoltre che il rapporto tra le unità di misura Volt e corrente "I" definisce, in caso di proporzionalità lineare, una nuova unità di misura detta appunto Resistenza.

Esiste un'altra forma della legge di Ohm che mette in relazione la sezione del conduttore soggetto all'applicazione della tensione che comporta il transito della corrente, con la lunghezza del conduttore stesso. Esiste un altro parametro, tipico del materiale di cui si compone il conduttore, chiamato "rò" che è specifico di ogni elemento della tabella periodica. L'enunciato di questa seconda forma della legge di Ohm recita: La resistenza "R" di un conduttore è direttamente proporzionale alla sua Lunghezza moltiplicata per la resistività "rò" ed inversamente proporzionale alla sezione del conduttore stesso. In formula si veda la foto sottostante: Attenzione: L'uso della carta e penna e riprese fotografiche sono volute a titolo sperimentale e al fine di dare un tocco di originalità alla pubblicazione visto che porterà con se la calligrafia dell'autore.

$$R = \rho \frac{L}{S}$$

S = sezione cavo
L = lunghezza cavo
R = resistenza
ρ = resistenza

L'unità di misura è appunto l'ohm sia nella prima forma che nella seconda forma. Esiste una ulteriore forma della medesima legge applicata però ai fasori e quindi al campo dei numeri complessi. Se si parla di fasori significa che la rete elettrica o la parte del circuito elettronico in esame è soggetto a un regime periodico e presumibilmente sinusoidale. Vediamo subito un esempio facendo un semplice esercizio, in cui i bipoli si suppongono già trasformati in fasori e impedenze (vedi numeri complessi a glossario).

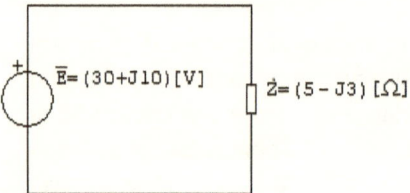

$\overline{E} = (30 + J10)\,[V]$ $\dot{Z} = (5 - J3)\,[\Omega]$

Procediamo allo svolgimento dei calcoli dopo avere messo la legge di ohm nella sua forma di rapporto delle grandezze tensione su impedenza. Stiamo quindi cercando la corrente complessa che circola nel circuito.

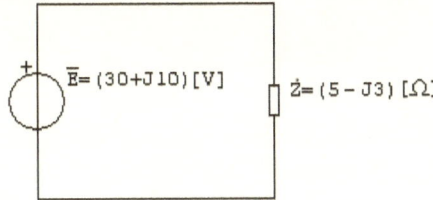

$$\frac{\overline{V}}{\dot{Z}} = \overline{I}$$

sostituisco i valori

$$\frac{(30+J10)}{(5-J3)} = \overline{I}$$

Eseguo la divisione in campo complesso moltiplicando entrambi il numeratore e il denominatore per il complesso coniugato del denominatore $\check{Z}=(5+J3)$

$$\frac{(30+J10)}{(5-J3)} \cdot \frac{(5+J3)}{(5+J3)} = \frac{150 + J900 + J50 + J^2 300}{25 + j15\!\!\!/0 - J15\!\!\!/0 - J^2 900}$$

Si ricordi che $J^2 = -1$ quindi, sommando i termini omogenei

$$\frac{-150 + J\,950}{925} = (-0,16 + J1) \ [A] \qquad -0,16\ [A] \quad \text{attivi}$$

$$1\ [A]\ \text{reattivo}$$

Nello svolgimento di questo esercizio non si è fatto alcun riferimento alla provenienza dell'impedenza, essa potrebbe essere anche la sintesi di una rete molto complessa di induttori, capacità e resistenze che per successivi calcoli di "serie" e "parallelo" si sono ridotti a un unico bipolo impedenza con un valore complesso equivalente in ohm. Nulla si è detta anche sulla frequenza di funzionamento della rete dato che sia i generatori che i vari bipoli sono già stati trasformati in fasori e sintetizzati in soli due elementi equivalenti.

Tornando al bipolo resistivo propriamente detto, in elettrotecnica può essere ben diverso dalla forma che si attende un elettronico dato che potrebbe trattarsi semplicemente di un filo di varia lega, ad esempio constatana, o altre adatta a fare filamenti per la trasformazione termica in phon, tostapane, stufe elettriche ecc. Oppure, in maniera più robusta, serpentine all'interno di boiler, o candelette per i motori diesel. Per noi elettronici hanno comunque un aspetto molto familiare, ovvero un cilindretto verniciato con delle belle righette colorate che ne rappresentano il valore secondo il noto codice colori che vedremo nei capitoli successivi.

Come esercizio, dopo avere visto le tabelle dei colori esposti nei prossimi capitoli, si provi ad associare il valore a queste due resistenze:

Marrone, nero, rosso, oro   **Marrone, nero, nero, nero, marrone**

Un altro importantissimo parametro delle resistenze reali è la dimensione del loro corpo in quanto è grosso modo proporzionale alla potenza che esse sono in grado di dissipare per effetto joule senza incendiarsi o anche semplicemente surriscaldarsi perdendo con buona probabilità la precisione costruttiva in ohm segnata nel codice colori. Insomma una resistenza che per qualche ragione avesse fumato un po' ma non risulta interrotta è bene sostituirla perché probabilmente non ha più il valore indicato, in una applicazione audio un lieve danno potrebbe renderla ad esempio più rumorosa o in uno strumento di misura comprometterne la precisione.

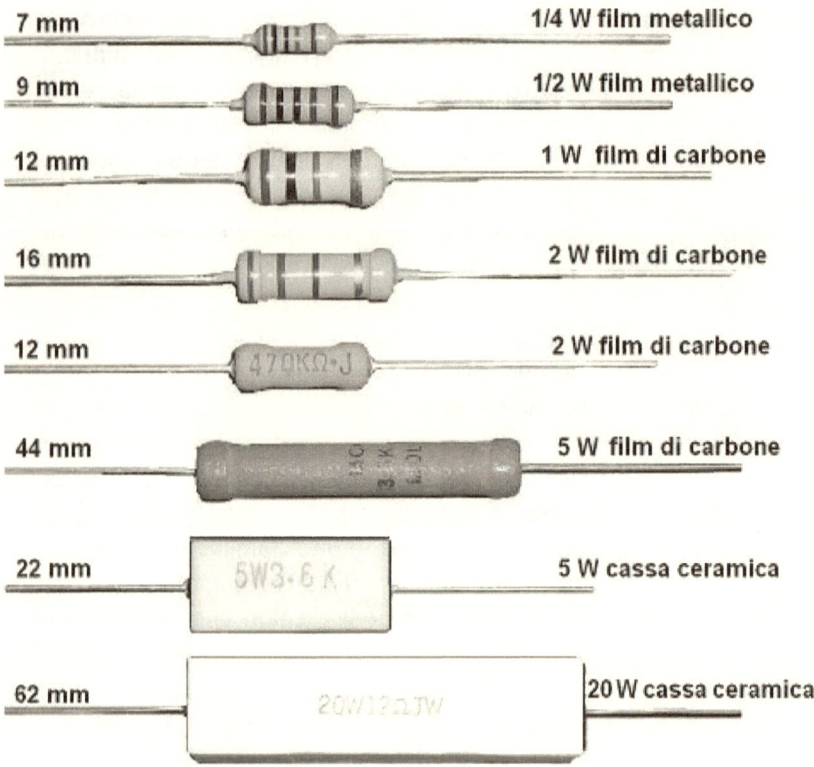

7 mm	1/4 W film metallico
9 mm	1/2 W film metallico
12 mm	1 W film di carbone
16 mm	2 W film di carbone
12 mm	2 W film di carbone
44 mm	5 W film di carbone
22 mm	5 W cassa ceramica
62 mm	20 W cassa ceramica

Ma dal punto di vista pratico, cos'è una resistenza? Come si costruisce?

Quelle più comuni, che vede nelle figure sovrastanti sono ottenute tramite una lega binaria, in cui due metalli con specifica e diversa "rò" vengono miscelati assieme con precise percentuali di uno nell'altro allo scopo di ottenere un cilindretto omogeneo del valore in ohm desiderato. Questo è possibile perché le leghe binarie hanno un grafico della "rò" risultante fortemente non lineare come quello che vedete nella figura:

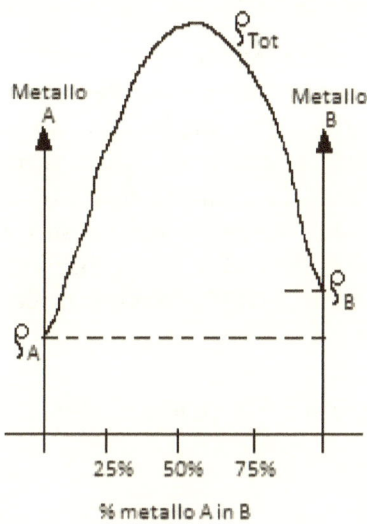

Per questioni grafiche la campana non può essere disegnata molto più alta e stretta, come è nella realtà. E' grazie alla forma di questa campana che si possono ottenere in pochi millimetri cubici resistenze elevatissime nell'ordine dei mega ohm, come anche, nello stesso volume resistenze di pochi ohm o addirittura frazioni di ohm, tutto sta nel "giocare correttamente nella percentuale del metallo A rispetto a B nella lega binaria. Importante è notare che i due valori "rò" non possono stare alla stessa altezza, difatti se così fosse si tratterebbe dello stesso metallo e la campana non si formerebbe, al suo posto ci sarebbe una linea ad altezza costante che unisce il lato sinistro con quello destro e non si avrebbe alcun controllo sul valore finale della resistenza tramite la percentuale del metallo A in lega con B. Nella prossima immagine vediamo la struttura meccanica della resistenza.

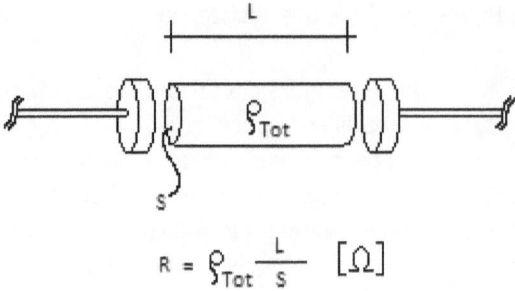

$$R = \rho_{Tot} \frac{L}{S} \quad [\Omega]$$

Il cilindretto metallico ottenuto tramite lega binaria "tarata" ha un valore ohmico ben preciso, nei casi standard non differisce generalmente più di +/- 5% dall'indicato o anche meno, spesso 1%. Esso è connesso tramite due cappuccetti metallici a cui sono saldati i reofori al circuito elettrico/elettronico esterno. La struttura così ottenuta viene di solito ricoperta di ceramica o altro materiale vetroso su cui successivamente vengono dipinte le fascette del codice colori. Tecnicamente parlando la costruzione di un componete smd (Surface mount device) non è molto diversa da quella esposta.

E' importante ricordare che in ogni caso una resistenza dissipa sempre potenza attiva.

Vediamo alcune importanti applicazioni della legge di ohm per l'elettronica.

Partitore di tensione.

Come sarà spiegato nel capitolo dedicato agli amplificatori operazionali sono costruiti in modo da non permettere l'ingresso della corrente sui loro pin invertente e non invertente. Supponiamo di avere un circuito in catena aperta come quello in figura che è notoriamente un comparatore, ovvero porterà l'uscita alta (a meno delle cadute interne pari a circa 1,4 volt tenderà alla tensione di alimentazione Vcc) quando la tensione all'ingresso non invertente sarà maggiore di quella all'ingresso invertente.

Questo comparatore dunque esegue il ragionamento:

if (V- > V+) Then (Vo = gnd) else Vo= (Vcc-1,4v)

Supponiamo che l'ingresso non invertente sia collegato a un sensore di temperatura o luminosità o qualsivoglia grandezza trasdotta in volt, mentre l'ingresso invertente sia collegato al punto centrale della serie di due resistenze di valore R1=4,7k e R2=680 ohm. Ci si chiede, a che valore trasdotto in volt della grandezza esterna si accenderà il LED in uscita? Quanto vale la resistenza sul LED se esso è costruito per accendersi correttamente con 1mA e ha una caduta anodo catodo è di 1,5 volt?

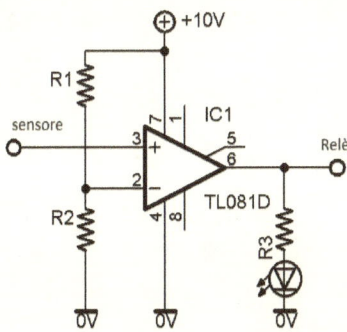

Questo circuito contiene ben 3 applicazioni della legge di ohm, due per risolvere il partitore di tensione all'ingresso e una per il calcolo della resistenza generalmente indicata con Rd che sta in serie al LED. Vediamo come mai la nota formula del partitore di tensione si può ottenere tramite una doppia applicazione della legge di ohm con il vantaggio di non dover ricordare la formula.

1. Applichiamo la legge di ohm sulla resistenza equivalente alla serie, cioè R1+R2, otteniamo la corrente totale.
2. Dalla def. di serie questa attraversa sia R1 che R2.
3. Moltiplichiamola per R2 e troviamo quindi la tensione tra massa e il morsetto invertente (punto di scatto).

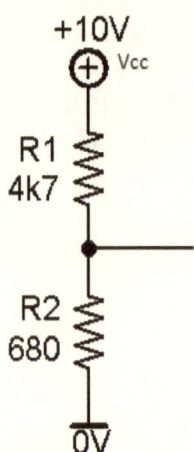

+10V

R1
4k7

R2
680

0V

1) $\dfrac{V}{R} = I$ $\qquad$ $\dfrac{10}{(4k7 + 680)} = I$

$\dfrac{10}{5380} = I$ $\quad$ I = 0,00186 [A]

Questa è la corrente che scorre sulla serie

2) Moltiplichamo la corrente trovata per R2

V- = I * R2 $\quad$ V- = 0.00186 * 680 = 1,26 [V]

Questa è la tensione di comparazione

Ora ricaviamo la formula del partitore di tensione facendo una doppia applicazione della LEGGE DI OHM.

Mettiamo assieme i due passaggi:

1) $\dfrac{V}{R1+R2} = I$ $\qquad$ 2) $I * R2 = V-$

Sostituisco in 2) l'espressione trovata in 1)

Ottengo: $\dfrac{V}{R1+R2} * R2 = V-$

È la formula classica del partitore di tensione.

Per quanto riguarda la resistenza di uscita in serie a LED procediamo così:

1. Sostituire l'uscita alta dell'operazionale con un equivalente generatore di tensione pari a Vout=10-1,4=8,6 volt.
2. Sostituire il LED con un generatore di tensione equivalente alla sua caduta costante pari a 1,5 volt
3. Sottrarre a Vout il generatore equivalente del led Vr=8,6-1,5=7.1 volt
4. Applicare la legge di ohm trovando il valore della Rd sapendo che deve circolare 1mA

$$\frac{V}{I} = R \qquad\qquad \frac{7.1 \, [V]}{1 * 10^{-3} \, [A]} = R$$

$$\frac{7.1 * 1000}{1} = 7100 \, \Omega$$

Il valore approssimato più vicino è 6k8 Ω

Una volta scelta la resistenza di serie più vicina al valore calcolato è bene riapplicare la legge di ohm e verificare nuovamente la corrente per vedere se il nuovo valore è accettabile in quel punto del circuito. La legge i ohm è una delle formule più usate in ambito elettrico/elettronico.

Completo l'esposizione del partitore di tensione dando un utile promemoria: La tensione di uscita Vo del partitore è uguale alla tensione applicata al partitore Vi diviso la somma delle due o più resistenze del partitore moltiplicato per la resistenza a cui capi prelevo la tensione Vo.

Esiste la possibilità di ripartire la corrente anziché' la tensione, lo schema è costituito da due resistenze connesse a un nodo. Si presume che al nodo entri una certa corrente "J". La corrente su una delle due resistenze si calcola dividendo la corrente entrante "J" per la somma delle due resistenze, e moltiplicando il risultato per la resistenza non interessata dal passaggio della corrente che sto cercando (l'altro lato). Il concetto si può facilmente estendere a un partitore di corrente costituito da più resistenze in parallelo purché nella fase di moltiplicazione lo si faccia per la resistenza equivalente del ramo non interessato al passaggio svolgendo tutti gli eventuali serie-parallelo di resistori visti da quel punto in poi. Comunque si tratta di una doppia applicazione della legge di ohm.

Principio dei generatori equivalenti.

Se consideriamo un regime stazionario, esistono 4 tipi di generatori, essi sono:

1. **Generatore ideale di tensione**
2. **Generatore ideale di corrente**
3. **Generatore reale di tensione**
4. **Generatore reale di corrente**

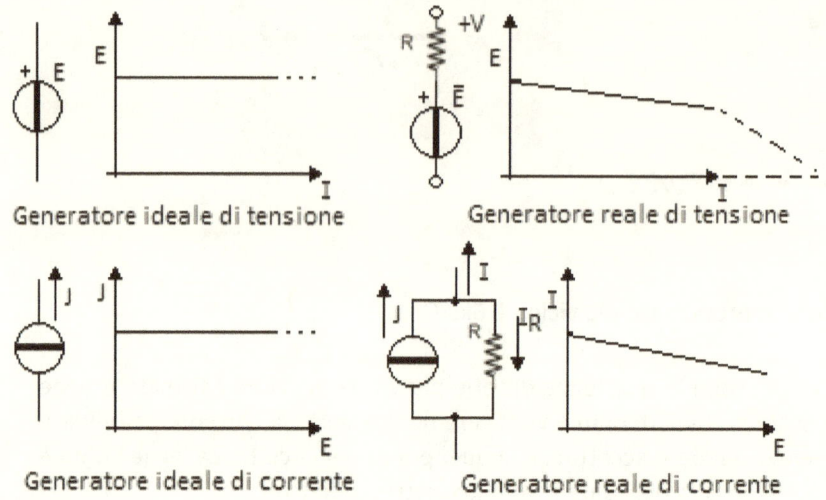

Generatore ideale di tensione   Generatore reale di tensione

Generatore ideale di corrente   Generatore reale di corrente

Nel generatore reale di tensione, la V risultante ai morsetti esterni è data dalla somma algebrica delle dimensioni impressa E del generatore ideale interno meno la caduta ohmica I*R simula resistenza interna. Ne consegue che la tensione esterna V dipende dal grado di carico del generatore reale, ovvero da quanta tensione cade internamente sulla R a causa della maggiore corrente richiesta verso il carico esterno, quindi la curva volt - amperometrica ha l'aspetto di una retta con pendenza negativa che incrocerà l'ascissa (asse orizzontale in corrispondenza della corrente di corto circuito Icc.

Nel generatore reale di corrente di applichi invece il primo principio di Kirchhoff al nodo interno per definire quanta corrente potrà fluire sui morsetti esterni verso il carico.

Alcuni metodi risolutivi delle reti elettriche/elettroniche prevedono che e zone in cui si opera siano costituiti da solo generatori reali di tensione o generatori reali di corrente, questi sono ad esempio il metodo delle correnti di maglia (esposto più avanti) o il metodo dei potenziali ai nodi. Se la rete iniziale non è conforme a quanto detto, va prima adeguata trasformando i generatori reali di tensione in reali di corrente o viceversa a seconda del caso.

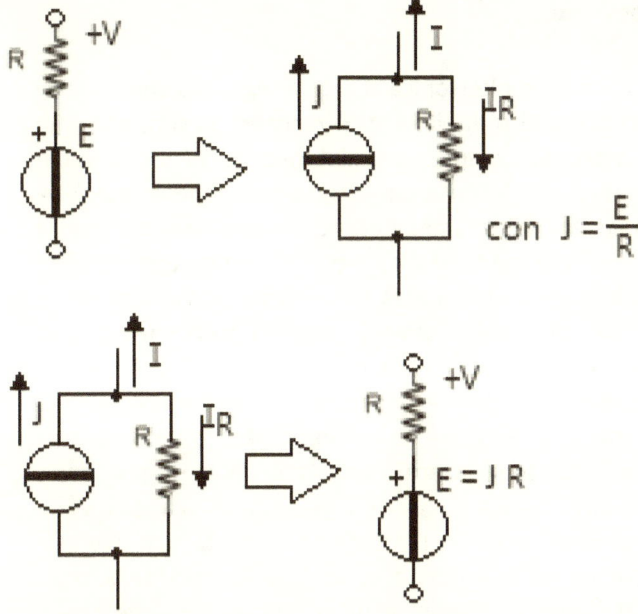

$$\text{con } J = \frac{E}{R}$$

$$E = JR$$

La rete ottenuta si chiama rete adeguata e dal punto di vista elettrico è equivalente a quella originale, tranne per la questione energetica dove invece si deve tornare alla rete originale per il calcolo ad esempio di potenze e energie.

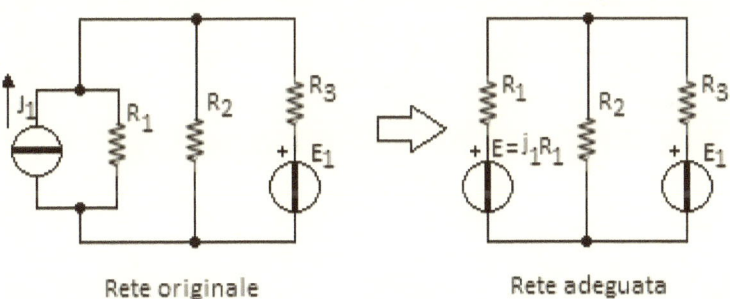

Rete originale   Rete adeguata

Dopo avere eseguito questo passaggio sarà possibile applicare il metodo delle correnti di maglia (o delle correnti di anello) che viene presentato più avanti. Dal punto di vista elettronico una situazione analoga la possiamo incontrare in qualche rete posta davanti a un amplificatore operazionale che per le sue caratteristiche bufferizza, ovvero rende considerabile isolatamente un particolare circuito (ad esempio un filtro o altro) posto davanti a uno solo dei suoi morsetti di ingresso, ad esempio l'ingresso non invertente.

Principio di sovrapposizione.

Si consideri una rete elettrica o elettronica che contenga solo componenti lineari, ovvero generatori reali o equivalenti e resistori. Si consideri una "porta" ovvero due morsetti. O due punti del circuito su cui si vuole stimare l'effetto complessivo di tutti i componenti presenti nella rete. Tale effetto sarà uguale alla somma dei singoli effetti ottenuti facendo agire i generatori presenti una alla volta. Fare "agire" i generatori significa permettergli di imprimere la loro grandezza elettrica sia essa una corrente o una tensione. Per non fargli agire, ovvero spegnerli sulla carta si può usare il trucco di eliminare il cerchietto dal disegno del generatore. Automaticamente scopriremo che le barrette contenute nei singoli mettono in c.c. i generatori di tensione (fanno imprimere quindi tensione nulla) e aprono i rami in cui sono inseriti i generatori di corrente (fanno imprimere corrente nulla). Lasciamo agire i generatori una alla volta calcolando per ognuno di essi la tensione alla porta considerata. Atterremo tante tensioni parziali quanti sono i generatori della rete. Sommiamo infine tutte queste tensioni e otterremo la tensione che è presente in quella specifica porta con tutti i generatori in azione. Nota bene: se si cambia porta elettrica tutti i calcoli vanno ripetuti.

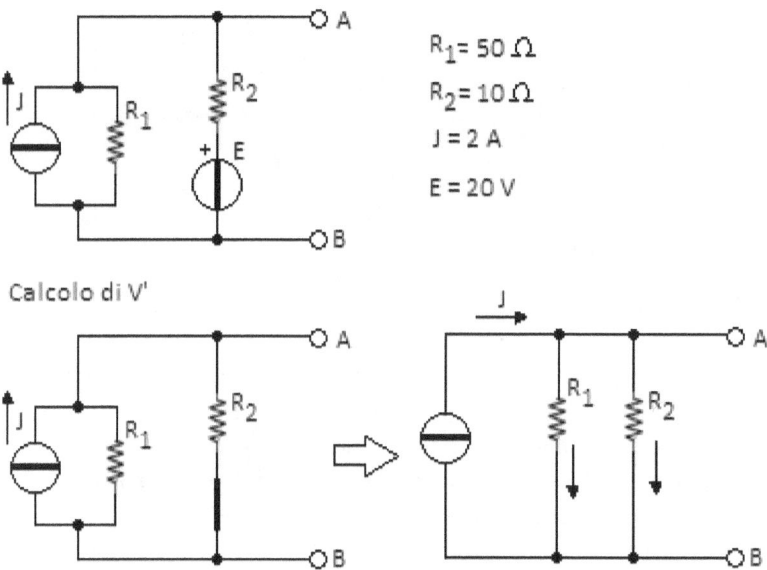

$R_1 = 50 \, \Omega$

$R_2 = 10 \, \Omega$

$J = 2 \, A$

$E = 20 \, V$

Calcolo di V'

Nel primo disegno c'è la rete originale composta da due generatori reali, uno di corrente e uno di tensione. Il metodo prevede che agiscano una alla volta sulla porta elettrica prescelta, ovvero i morsetti AB. Iniziamo togliendo il cerchietto al generatore di tensione, si vede facilmente che esso diventa un corto circuito tra i suoi morsetti, ovvero imprime tensione nulla. La rete risultante contiene solo un generatore i corrente e il resto del circuito resistivo costituisce un partitore di corrente. Seguono i semplici calcoli.

Si ottiene un partitore di corrente:

$$I_{R2} = \frac{I}{R1 + R2} * R1 = \frac{2}{50 + 10} * 50 = \frac{100}{60} = 1,66 [A]$$

Ora si moltiplica questa corrente per R2 e si ottiene V', è la legge di Ohm.

$V_{ab}' = I_{R2} * R2 = 1,66 * 10 = 16,66$ [V]

Trovata la corrente sulla resistenza in parallelo alla porta AB applichiamo la legge di ohm e troviamo la prima tensione.

Ora dobbiamo fare agire solo il secondo generatore, durante questa fase il generatore di corrente si apre come si vede facilmente togliendogli il cerchietto. Togliere il cerchietto equivale a fargli imprimere una corrente nulla.

Otteniamo un circuito che è palesemente un partitore di tensione.

Troviamo con i semplici passaggi indicati nella foto la seconda tensione parziale.

Sommiamo infine le due tensioni parziali "sovrapponiamo gli effetti" ed otteniamo l'effetto complessivo sulla porta desiderata.

Calcolo di $V_{ab}^{''}$, (si proceda spegnendo il generatore J)

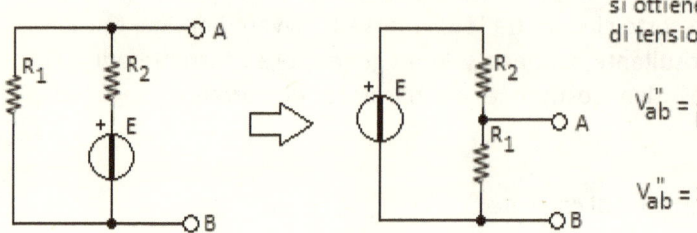

si ottiene un partitore di tensione

$$V_{ab}^{''} = \frac{E}{R_1 + R_2} R_1$$

$$V_{ab}^{''} = 16,66 \ V$$

Soluzione: $V_{AB} = V_{ab}^{'} + V_{ab}^{''} = 16,66 + 16,66 = 33,33V$

Questo metodo vale solo sulle reti così dette lineari.

Primo principio di Kirchhoff.

Questo principio, detto anche delle correnti ai nodi è molto utile in tantissimi ambiti elettronici, citandone uno, si pensi alla rete passiva posta davanti all'ingresso non invertente di un filtro butterwhort del secondo ordine. Tale filtro possiede due nodi e una doppia retroazione. L'analisi di quel circuito avviene studiando prima un nodo e pio l'altro secondo questo primo principio di Kirchhoff.

L'enunciato afferma che la somma algebrica delle correnti in un nodo e pari a zero.

Prima legge di Kirchhoff (delle correnti al nodo).

$$\sum_{i=1}^{n} \pm I_i = 0$$

Con: i = indice della sommatoria.

n=numero delle correnti al nodo

$\pm$ =considerare + se la corrente è equiversa al versore **u** altrimenti

negativa.

Consideriamo un generico nodo elettrico che abbia un qualsivoglia numero di rami confluenti, in questo esempio per semplicità solo 4. In questi rami le correnti siano indicate con un verso arbitrario. Siamo noti i valori di tutte le correnti tramite un'unica incognita che vogliamo determinare con questo principio. Il calcolo ci restituirà non solo il valore ma anche il verso entrante o uscente a seconda del segno concorde o opposto a quello fissato inizialmente.

Indichiamo le correnti con I_1, I_2, I_3, I_x, abbiniamoci il verso presunto e il loro valore tranne per I_x per la quale si indica solo un verso "supposto".

$I_1 = -6\,A$
$I_2 = 2\,A$
$I_3 = -3A$
$I_x = ?$

Per trovare il valore di Ix circondiamo il nodo con una sfera orientata positiva verso l'esterno, e fissiamone il verso con un versore **u**.

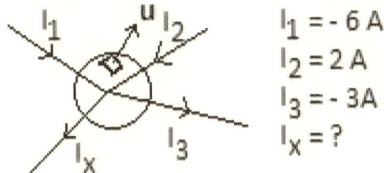

$I_1 = -6\,A$
$I_2 = 2\,A$
$I_3 = -3A$
$I_x = ?$

Le correnti equiverse al versore sono positive quelle opposte negative.

La sfera ipotetica con cui si circonda il nodo è noto come "insieme di taglio" e su di esso vale il principio di continuità, ovvero tutte le cariche che entrano devono anche uscire, sarebbe come dire che non disperde cariche in maniera misteriosa. Lo possiamo pensare come una espansione del nodo. Nei circuiti elettronici gli insiemi di taglio possono comprendere addirittura un "sotto circuito" identificabile nella scheda elettronica, con quanti componenti si vuole contenuti in esso, ma che rispettino sempre il principio di continuità. Le correnti che figurano equiverse al versore le scriviamo con il segno positivo, quelle discordi negativo. Facciamo attenzione che è importante scrivere sempre con le parentesi in modo che in un secondo passaggi possiamo inserire i valori algebrici con il segno dato. Guardiamo la prossima foto.

$$-(I_1) - (I_2) + (I_3) + (I_x) = 0$$

Sostituire i valori

$$-(-6) - (2) + (-3) + I_x = 0$$

Sistemare i segni e isolare I_x

$$+6-2-3 = -I_x$$

Ora manca un ultimo semplice passaggio, eseguiamo la somma algebrica al membro di sinistra ottenendo -1. Successivamente cambiamo i segni di ambo i membri dell'equazione giungendo al risultato finale.

$$+1 = -I_x$$

Inverto il segno di I_x

$$I_x = -1 \ [A]$$

Anche in quei casi, in cui può sembrare banale la soluzione, sconsiglio di tentare una soluzione mentale perché più è semplice il calcolo e più potrà essere imbarazzante un eventuale banale errore di calcolo. *Errare humanum est.*

Consideriamo il filtro butterworth del secondo ordine visibile in figura:

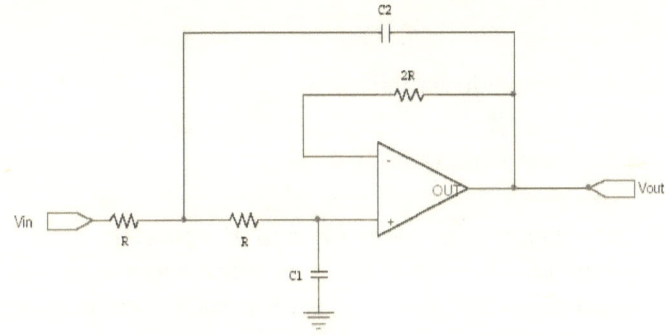

Salta subito all'occhio la presenza del nodo tra le due R nel circuito di ingresso. Proviamo per esercizio ad applicare a tale nodo il principio di Kirchhoff ottenendo un'equazione simile a quella esposta in precedenza. Chi conosce i diagrammi di bode provi a tracciare il diagramma del modulo e si accorgerà che tale filtro taglia con una pendenza di 40 db ogni decade.

Secondo principio di Kirchhoff.

Detto anche delle tensioni alle maglie, afferma che la somma algebrica delle tensioni in una maglia è pari a zero. Questo permette di determinare il valore di un generatore (o di un generatore equivalente di tensione) rimasto incognito.

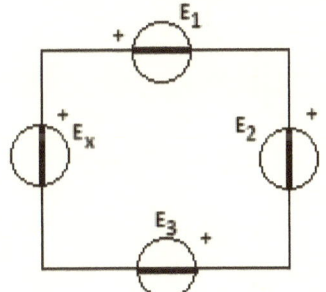

Consideriamo un verso di percorrenza per la maglia e espandiamo la sommatoria

$$\sum_{i=1}^{n} \pm E_i = 0$$

Con segno + se si entra nel positivo e − se si entra ne negativo dei generatori secondo verso arbitrario di percorrenza.

Posto E_1=-3, E_2=4, E_3=-1, E_x=? Otteniamo l'equazione di maglia:

$+(E_1)+(E_2)+(E_3)-(E_x)=0$

Inseriamo i valori con il segno nelle parentesi:

$+(-3) +(4)+(-1) = E_x$

Eliminiamo le parentesi sistemando i segni:

$-3 +4 -1 = E_x$ da cui si ottiene il risultato $E_x = 0$

Varianti di questo principio, più e meno evidenti si applicano molto spesso. Si può considerare una variante di questo principio anche lo studio della maglia di ingresso di un BJT, nel momento in cui si consideri la resistenza di base attraversata dalla corrente di base I_b come un generatore stazionario equivalente, come anche lo sia la giunzione V_{be}, pari alla V-gamma di un diodo polarizzato direttamente. Vediamo un semplice
esempio:

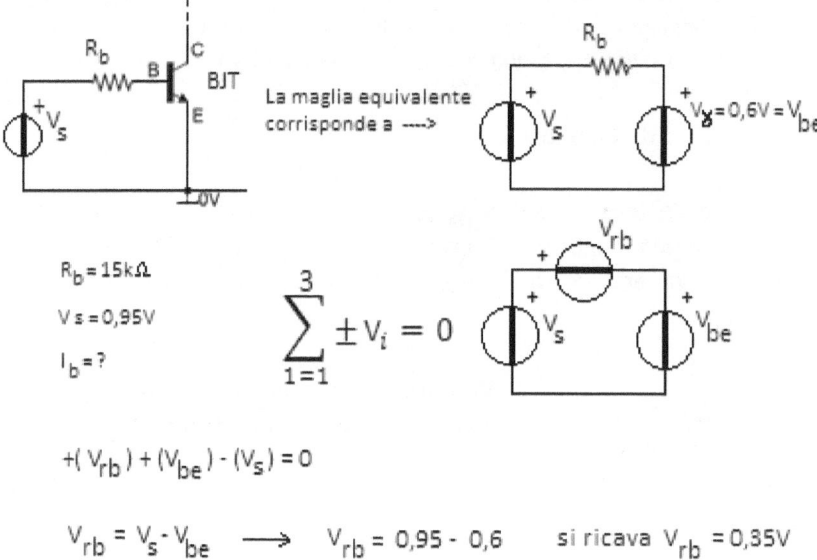

La maglia equivalente corrisponde a ---->

$R_b = 15k\Omega$

$V_s = 0,95V$

$I_b = ?$

$$\sum_{1=1}^{3} \pm V_i = 0$$

$+(V_{rb}) + (V_{be}) - (V_s) = 0$

$V_{rb} = V_s - V_{be} \longrightarrow V_{rb} = 0,95 - 0,6$ si ricava $V_{rb} = 0,35V$

Con la legge di Ω trovo I_b pari a $I_b = \frac{Vr}{R_b} = 2,3 * 10^{-5} [A]$

Spesso si conosce la corrente di base e si cerca la resistenza R_b, Il procedimento è lo stesso.

In ambito elettronico ci sono moltissime occasioni di applicazione di questo principio, lo applichiamo molte volte anche se spesso non ce ne rendiamo conto.

Teorema di Thevènen.

Al contrario di quel che si crede, si pronuncia esattamente come si scrive, date le origini dello scienziato a cui lo si attribuisce, un po' alla stessa maniera di come non si dice "jaul" ma bensì "Jul" con riferimento al teorema di "joule".

Una rete elettrica lineare, per quanto complessa, è sempre riconducibile a un equivalente generatore ideale di tensione pari alla tensione a vuoto misurata alla porta in esame con in serie una resistenza pari alla totale resistenza della rete resa passiva vista dalla stessa porta. Vediamo un esempio nella semplice rete qui sotto in cui si è scelta la coppia di morsetti A-B come porta elettrica.

Esempio: sia data la rete lineare in figura composta da un solo generatore di corrente e uno di tensione. Nella rete vi siano anche le resistenza R1 e R2 disposte come da schema.

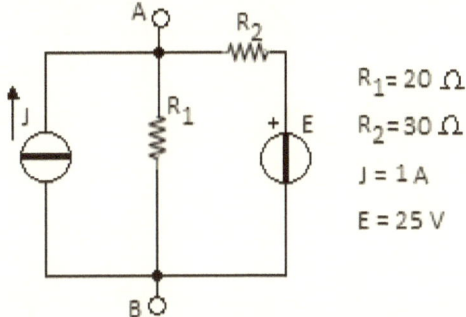

$R_1 = 20\ \Omega$

$R_2 = 30\ \Omega$

$J = 1\ A$

$E = 25\ V$

Applichiamo il teorema di Thevènen dapprima rendendo passiva la rete e trovando la resistenza equivalente vista dalla porta A-B, questa operazione si ottiene spegnendo i generatori, manovra che si esegue nella carta semplicemente togliendo i cerchietti dal disegno.

Rete passiva

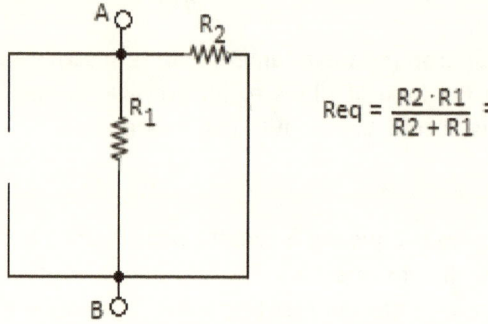

$$Req = \frac{R2 \cdot R1}{R2 + R1} = 12\,\Omega$$

Si nota facilmente che per trovare il valore resistivo alla porta A-B è sufficiente eseguire il parallelo delle due resistenze.

Poi applichiamo il principio di sovrapposizione degli effetti facendo agire un generatore alla volta e calcolandone la tensione alla medesima porta A-B.

Applichiamo il P.S.E. (principio di sovrapposizione degli effetti) alla porta

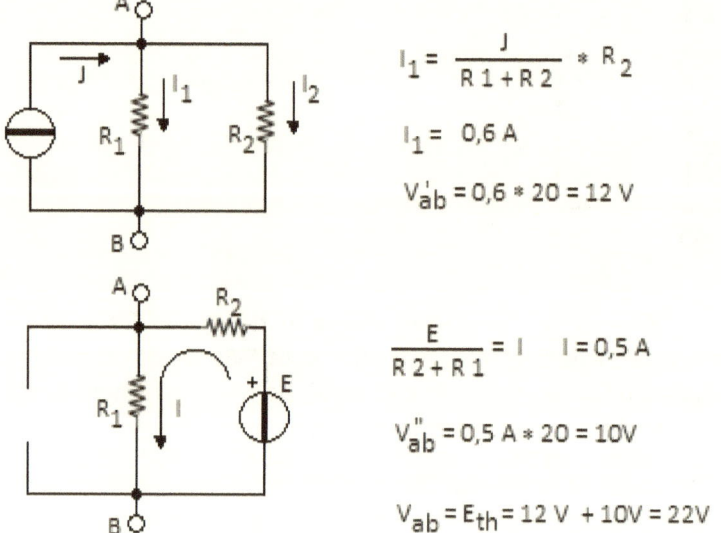

$$I_1 = \frac{J}{R1 + R2} * R_2$$

$$I_1 = 0{,}6\,A$$

$$V'_{ab} = 0{,}6 * 20 = 12\,V$$

$$\frac{E}{R2 + R1} = I \qquad I = 0{,}5\,A$$

$$V''_{ab} = 0{,}5\,A * 20 = 10V$$

$$V_{ab} = E_{th} = 12\,V + 10V = 22V$$

La somma degli effetti alla porta vale 22Volt, mentre le resistenza equivalente delle rate passiva vale 12 ohm, non ci resta che disegnare il generatore di tensione equivalente secondo Thevènen.

$V_{ab} = E_{th} = 12V + 10V = 22V$

La rete equivalente secondo thevènen è:

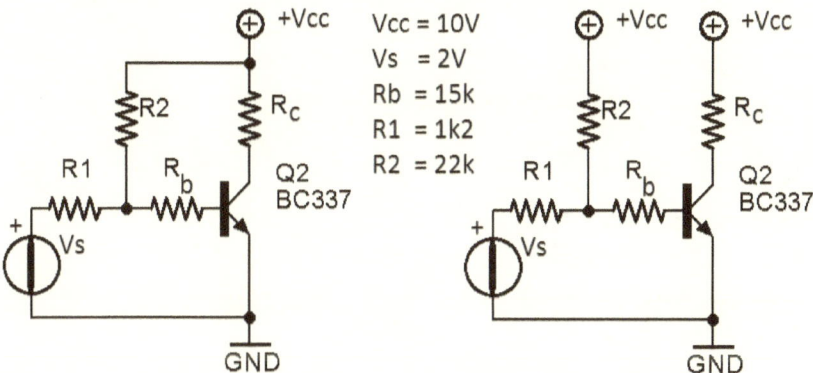

Il problema è quindi risolto dal punto visto di vista elettrotecnico.

Vediamo un esempio applicato direttamente all'elettronica.

Si abbia da calcolare la rete di polarizzazione del BJT mostrato nello schema sottostante.

Applichiamo Thevènen alle maglie di ingresso esattamente come fatto precedentemente nell'esempio puramente elettrotecnico, ovvero, dopo aver isolato la rete che ci interessa sintetizzare nel generatore reale equivalente di Thevènen, ovvero aver trovato la porta A-B, rendiamo passiva la rete e ne calcoliamo la resistenza equivalente.

Quindi, come mostrato in figura, effettuiamo una separazione fittizia delle tensioni di alimentazioni della maglia di ingresso e della maglia di potenza.

In realtà si tratta dello stesso generatore e il passaggio è puramente matematico.

Applichiamo thevènen alla maglia di ingresso

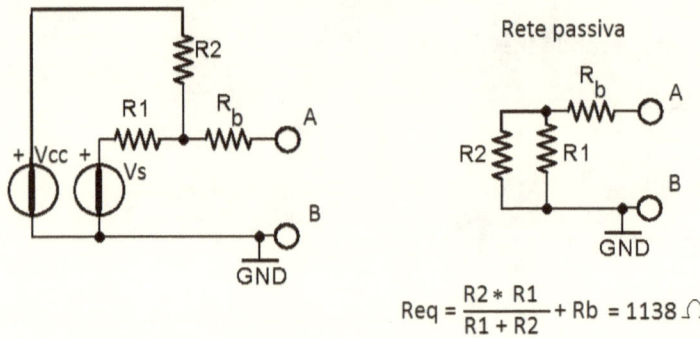

Rete passiva

$$Req = \frac{R2 * R1}{R1 + R2} + Rb = 1138 \, \Omega$$

Ora procediamo applicando il principio di sovrapposizione degli effetti (P.S.E.), spegnendo i generatori uno alla volta. E sommandone gli effetti alla porta identificata.

P.S.E. (principio sovrapposizione degli effetti)

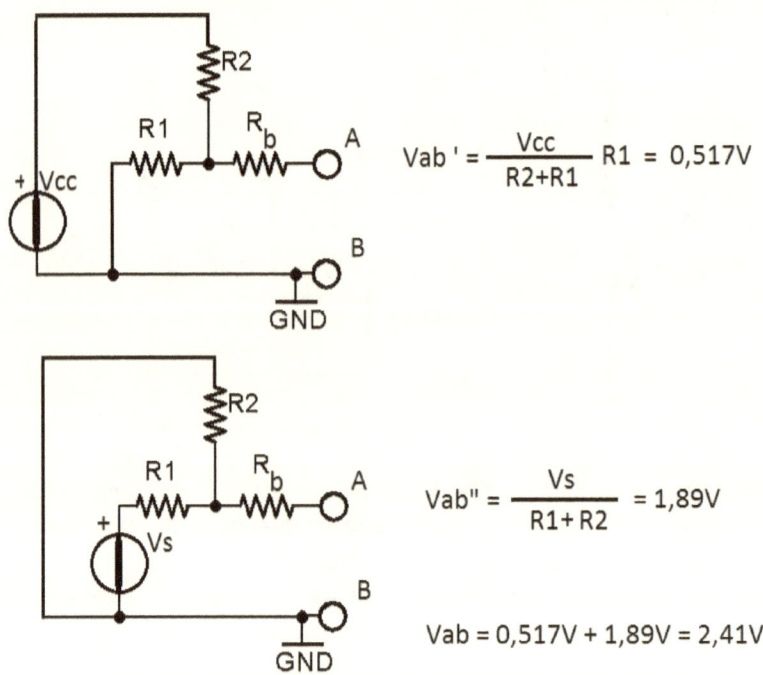

$$Vab' = \frac{Vcc}{R2+R1} R1 = 0,517V$$

$$Vab'' = \frac{Vs}{R1+R2} = 1,89V$$

$$Vab = 0,517V + 1,89V = 2,41V$$

Possiamo quindi sostituire l'insieme delle maglie con un unico generatore equivalente secondo Thevènen allo scopo di calcolare più agevolmente la corrente di base e quindi il punto di lavoro del BJT. Si ottiene una resistenza equivalente pari a 1138 ohm (se si dovesse realizzare la rete e non solo usare il teorema per agevolare il calcolo della polarizzazione si arrotonda a 1k2, e un generatore equivalente di 2,41 volt).

quindi la rete equivalente secondo thevénen è:

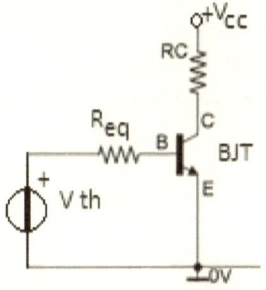

Questa "maglia" semplificata sarà equivalente ai fini della polarizzazione di base alla maglia precedente, e quindi potrà essere sostituita all'insieme delle maglie precedenti come vediamo nella prossima immagine.

Quindi la rete di polarizzazione dell BJT diventa:

La corrente I_b si ricava semplicemente studiando la maglia secondo kirchhoff.

L'applicazione di questo teorema è tanto più vantaggiosa quanto più complessa è la rete che sta davanti al BJT. E' inutile dire che questo è solo un esempio e che il metodo può essere applicato a una grande moltitudine di casi. E' sicuramente più ovvio da applicare in quei casi in cui si entra direttamente in morsetti invertenti o non invertenti di operazionali che bufferizzano il segnale.

Teorema di Norton.

E' il "duale" del teorema di Thevènen, ovvero si deve sostituire la frase "tensione a vuoto" con la frase "corrente di corto circuito" e la frase "alla porta A-B" con la frase "nel ramo" o "nel lato". Il procedimento è analogo, ovvero si rende prima passiva la rete e se ne calcola la resistenza equivalente sul ramo momentaneamente aperto, successivamente si calcola la sovrapposizione degli effetti nel punto di interesse. Se ne ricava un equivalente generatore ideale di corrente che imprime la corrente di corto circuito "J di Norton" con in parallelo la resistenza equivalente della rete resa passiva. In definitiva si ha quindi un generatore di corrente reale data la presenza in parallelo di questa Requ.

Teorema di Telleghen.

Noto in bibliografia come teorema delle potenze virtuali, esso afferma che una volta convenzionato i bipoli tutti alla stessa maniera, ovvero o come generatori o come utilizzatori, la sommatoria delle potenze messe in gioco deve essere nulla. Questo teorema è molto utile e potente per cui dedicherò molto spazio alla sua esposizione nella seconda edizione di questo tutorial.

Teorema di Boucherot.

Si applica alle reti elettriche in regime sinusoidale.
Vedi paragrafo dedicato più avanti nel testo.
La somma delle potenze attive a reattive fornite dai generatori di una rete corrisponde alle potenze attive dissipate dai componenti resistivi e alla somma delle potenze reattive dissipate dai componenti induttori e condensatori della rete. Si tratta in effetti di un bilancio delle potenze complesse. Consideriamo la seguente rete in regime sinusoidale alla frequenza nazionale Italiana ovvero 50Hz.

$$e(t) = 30 \sqrt{2} \, sen \left(\omega t + \frac{\pi}{6} \right) \qquad F = 50 \, Hz$$

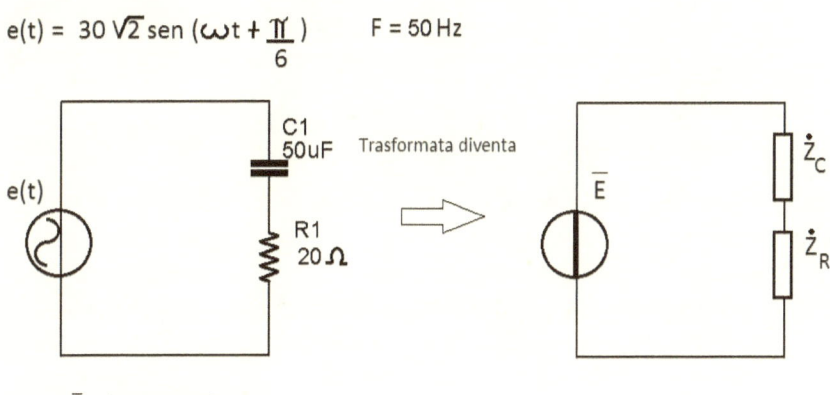

con $\overline{E} = (25,98 + J15) \, [V]$

$\dot{Z}_C = J64 \, [\Omega] \quad \dot{Z}_R = 20 [\Omega]$

Applichiamo la legge di Ohm e troviamo $\overline{I}$

$$\overline{I} = \frac{\overline{E}}{\dot{Z}_{tot}} = \frac{(25,98 + J15)}{(20 + J64)} = 0,329 - J \, 0,303 \, [A]$$

$\dot{S} = P + JQ = \overline{V} \overline{I}^{\vee} = (25,98 + J15) \, (0,329 - J \, 0,303)$

quindi $\dot{S} = 3,61[watt] + J13,42 \, [var]$ potenza complessa fornita dal generatore.

3,61[watt]   sono dissipati dalla resistenza

13,42 [var]   sono dissipati dal condenzatore

Le freccette in rosso indicano che è stato eseguito il coniugato del numero complesso che rappresenta il fasore di corrente. In questo esempio si è volutamente trascurata la trasformazione da rete reale a rete fasoriale, detta anche simbolica, perché tale spiegazione si trova in un esercizio più avanti in questo tutorial. Spiegarlo ora avrebbe avuto solo l'effetto di distogliere l'attenzione dal teorema che si vuole presentare.

Il metodo delle correnti di maglia

Consideriamo un circuito elettrico lineare in regime stazionario composto per semplicità di calcolo di sole tre maglie. In tale circuito siano presenti 5 generatori ideali di tensione e 6 resistenze, disposte come in figura.

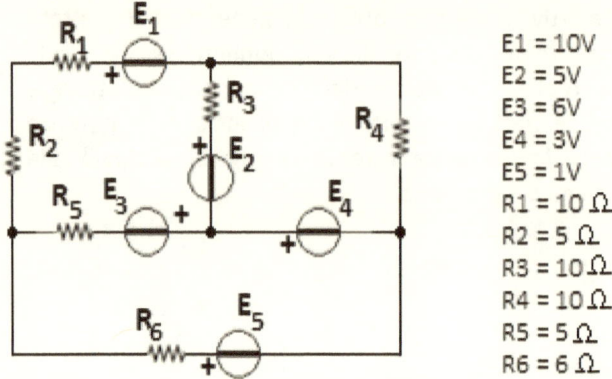

E1 = 10V
E2 = 5V
E3 = 6V
E4 = 3V
E5 = 1V
R1 = 10 Ω
R2 = 5 Ω
R3 = 10 Ω
R4 = 10 Ω
R5 = 5 Ω
R6 = 6 Ω

Si scelga ad arbitrio un verso di circolazione per le tre correnti nelle tre maglie. Non è necessario in questo momento ragionare su quale potrà essere il verso reale della corrente, esso resterà definito dai risultati della soluzione del sistema lineare di 3 equazioni (tante quante sono le maglie). Se le correnti risulteranno positive il verso effettivo coincide con quello ipotizzato altrimenti circolano nel verso opposto.

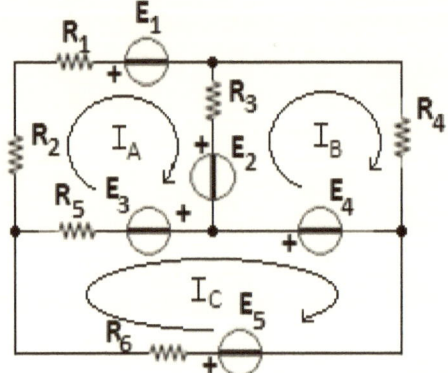

Indichiamo le tre correnti con i nomi IA, IB, IC. Per ogni maglia scriviamo "l'equazione di maglia" che in realtà si tratta di una forma dell'equazione di Kirchhoff per le tensioni in cui ogni caduta resistiva dovrà tenere conto della totalità delle correnti sulla resistenza (legge di ampere maxwell). Se ad esempio consideriamo la R3, ci si accorge che la sua caduta di potenziale è pari alla corrente della maglia in esame, meno quella della maglia adiacente, per il valore della resistenza, in effetti si è scritta la legge di ohm.

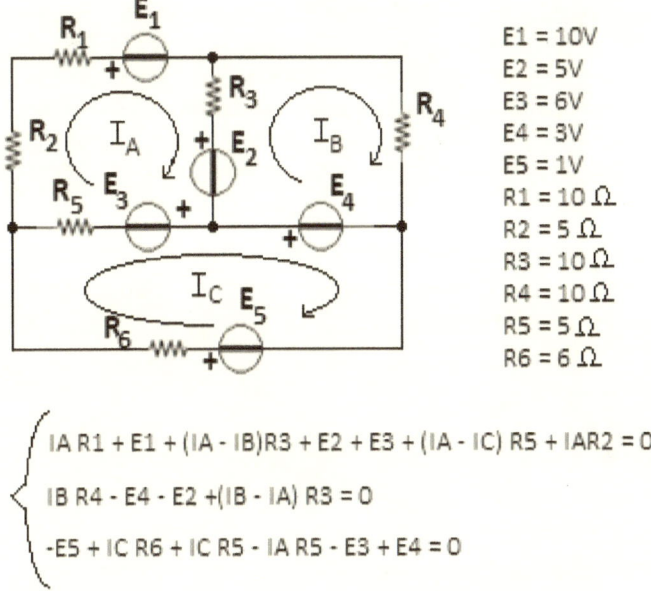

E1 = 10V
E2 = 5V
E3 = 6V
E4 = 3V
E5 = 1V
R1 = 10 Ω
R2 = 5 Ω
R3 = 10 Ω
R4 = 10 Ω
R5 = 5 Ω
R6 = 6 Ω

$$IA\ R1 + E1 + (IA - IB)R3 + E2 + E3 + (IA - IC)\ R5 + IAR2 = 0$$
$$IB\ R4 - E4 - E2 + (IB - IA)\ R3 = 0$$
$$-E5 + IC\ R6 + IC\ R5 - IA\ R5 - E3 + E4 = 0$$

Nell'immagine si vede il sistema lineare che costituisce il modello matematico del circuito. Se non sono stati fatti grossolani errori di incompatibilità del tipo mettere in parallelo due generatori ideali di tensione aventi valori impressi differenti, oppure, dualmente mettere in serie due generatori ideali di corrente avente valore impresso differente, tale modello matematico per il circuito lineare esiste sempre. Attenzione, dato un circuito "compatibile" come quello in figura esiste sempre il suo modello matematico, costituito ad esempio da un sistema lineare, al contrario, dato un sistema lineare "a caso" è quasi impossibile che esso rappresenti un circuito elettrico/elettronico compatibile.

Nell'immagine notiamo degli asterischi verdi, essi costituiscono il punto di partenza per la percorrenza della maglia con l'obbiettivo di ricavare per ognuna una equazione secondo Kirchhoff. Per i principianti diamo questa immagine allegorica: Immaginiamo che i fili del circuito siano i binari di un piccolo trenino elettrico e che i vari componenti, in questo caso solo generatori e resistenze, siano tunnel e stazioni. Prendiamo con le mani la locomotiva del trenino e trasciniamolo lungo il suo binario (la maglia) partiamo dalla stazione centrale, l'asterisco verde, ed ogni volta che entriamo in un "tunnel" ovvero le resistenze scriveremo il valore (IAxR).

Questo valore è sempre positivo dato che costituisce una caduta di tensione, il che è equivalente a dire che una resistenza è sempre convenzionata da utilizzatore. Quando il nostro "trenino" entra invece in una "stazione locale" che sarebbe un generatore di tensione, entrerà nell'equazione con il segno della parte in cui si entra nel generatore. Nel caso ci fossero dei generatori reali di corrente vanno prima trasformati in equivalenti generatori reali di tensione spostando la resistenza dal parallelo alla serie e abbinando al generatore di tensione il valore "corrente impressa per il valore della resistenza che posta in parallelo al generatore ideale di corrente.

Proseguiamo l'esercizio solo se siete sicuri di poter arrivare in maniera autonoma fino a questo punto, quindi, provate a ripartire dal solo schema elettrico, e a ricavare il sistema lineare.

$$\begin{cases} IA30 - IB10 - IC8 = -15 \\ -IA10 + IB20 + 0 = 8 \\ -IA8 + 0 + IC11 = +4 \end{cases}$$

Il sistema lineare va portato in forma normale come si vede nell'immagine. Si ottiene questo risultato eseguendo le moltiplicazione e successivamente eseguendo le somme dei termini omogenei. Per omogenei voglio intendere riferiti alla stessa corrente IA, oppure IB, oppure IC. Mettiamo anche un po' di ordine, in ogni equazione infatti faremo in modo che la sequenza sia IA, IB, IC seguiti dall'altra parte dell'uguale dal termine noto (ovvero le tensioni). Ricordiamoci che se passiamo da un membro all'altro di un'equazione con un addendo, questo deve cambiare il segno.

Dal sistema così ottenuto estraiamo la matrice dei coefficienti e il vettore dei termini noti (che poi sono i generatori).

$$\begin{bmatrix} 30 & -10 & -8 \\ -10 & +20 & 0 \\ -8 & 0 & +13 \end{bmatrix} \begin{bmatrix} -15 \\ +8 \\ +4 \end{bmatrix}$$

Dal sistema lineare si ricava la matrice associata, questa risulta sempre "quadrata" ed ha delle proprietà che ci possono indicare se la strada intrapresa finora è corretta. È importante coprire i "buchi" lasciati da una variabile (corrente) mancante sommando uno zero. Questa procedura è fondamentale per l'inserimento della matrice in dispositivi automatici di calcolo. Noi useremo la calcolatrice Sharp perché è la più semplice ed economica in commercio, ma potremo analogamente usare qualsiasi altro prodotto da scuole superiori, ma in questo caso non posso aiutarvi nell'inserimento dei dati e vi invito a leggere il libretto delle istruzioni del vostro calcolatore. Posso comunque assicurare che la procedura sarà molto simile.

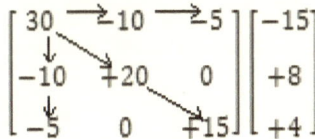

Analizziamo la matrice. La cosa più importante da verificare è che essa sia simmetrica rispetto alla diagonale principale che ho segnato in verde nella foto. Muovendoci verso destra o verso il basso a partire da un elemento della diagonale principale dobbiamo trovare gli stessi coefficienti. Come potete vedere seguendo le frecce rosse. Se questo è vero (come nella foto) allora la matrice è realmente il modello matematico del circuito, se questo non si verifica avete sbagliato qualche calcolo di semplificazione o ordinamento, quindi tornate indietro e rifate i conti fino a che ottenete una matrice simmetrica.

A questo punto possiamo inserire la matrice sulla calcolatrice. Questa operazione è differente per ogni tipo di calcolatrice che userete, ma le affinità sono molto spinte. Con la calcolatrice che vedete nella foto si deve richiamare l'algoritmo dei sistemi lineari. Seguiamo questa procedura:

- Accendiamo la calcolatrice.
- "mode" -> "6".
- <equation> 1:3-VL (indica che vogliamo impostare un sistema lineare con 3 variabile. Premere 1).
- Vengono chiesti in sequenza di riga i coefficienti della matrice che daremo con il segno.
- Alla fine in automatico vengono restituiti i valori delle correnti come vediamo nella foto sottostante.

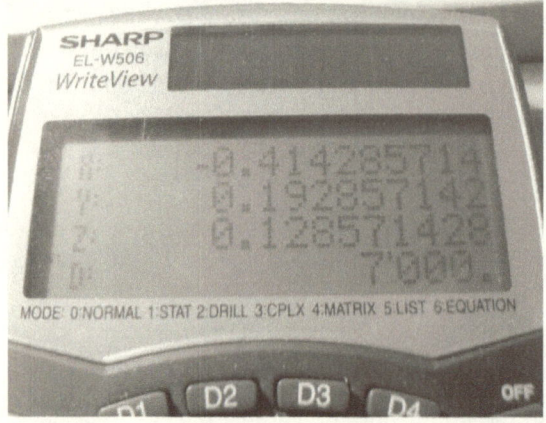

Viene anche fornita una informazione aggiuntiva che per le applicazioni elettriche al momento non ha applicazione. Per pura informazione diciamo che si chiama determinante ed è abbreviato "D".

Gli stessi calcoli possono essere eseguiti a mano svolgendo delle operazioni dette lineari sulla matrice. Le operazioni lineari consistono in moltiplicazioni di tutta la riga per una costante e la somma o differenza di tutta la riga (compreso il termine noto) con un'altra riga del sistema. Lo scopo di eseguire queste preparazioni lineari è quello di ottenere un triangolo di zeri sotto la diagonale principale. Una volta ottenuto questo si procede dividendo il termine noto dell'ultima riga (una tensione) per il termine unico rimasto a sinistra dell'uguale della medesima riga (che è una resistenza), di conseguenza otteniamo, come previsto dalla legge di ohm, una corrente, che trovandosi nella colonna di IC è proprio la corrente circolante in quella maglia.

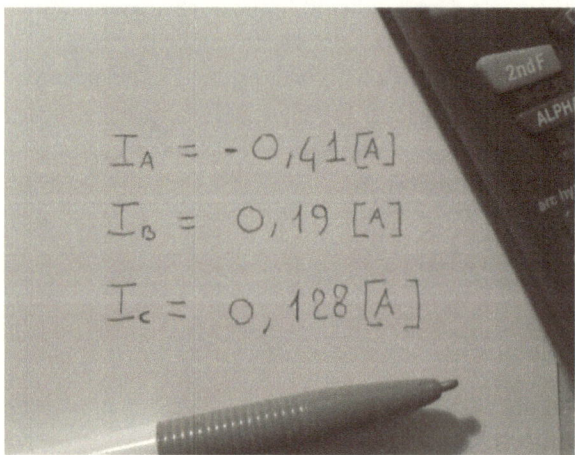

Ecco i risultati ottenuti manualmente, coincidono con quelli fatti al calcolatore. Notiamo che la prima corrente è risultata negativa, quindi circola al contrario rispetto al verso ipotizzato all'inizio, le altre due correnti sono invece equiverse. Esiste anche il metodo di studio dei circuiti a più maglie, complementare detto "delle tensioni ai nodi", che poco differisce dalla tecnica esposta ma che necessiterebbe una analoga esposizione. La trattazione diventerebbe davvero troppo prolissa, così ho deciso che lo esporrò in un secondo testo, in estensione a questo capitolo dedicato solo all'elettrotecnica.

Per testare la comprensione facciamo un esercizio:

Prendiamo il medesimo schema e cambiamo a caso tutti i valori delle resistenze e dei generatori. il sistema lineare avrà la stessa forma ma diversi valori numerici come diverso sarà il vettore dei risultati ovvero le tre correnti I_A, I_B, I_C.

Definiamo la reattanza e l'impedenza tramite un chiaro esercizio.

Introduciamo il concetto di reattanza e impedenza eseguendo un esercizio molto ben schematizzato.

Si consideri il circuito in figura alimentato in regime sinusoidale alla frequenza non industriale standard di 95Hz. Questa frequenza è probabilmente generata tramite un convertitore statico, ma il simbolo elettrico rimane il medesimo ovvero quello di un generatore di tensione sinusoidale.

Analizziamo lo schema sottostante, esso si compone del precedentemente detto generatore di tensione sinusoidale, che energizza dei bipoli passivi volutamente connessi di tipologia diversa. Si tratta di un bipolo resistivo in serie con un gruppo induttivo-capacitivo con gli elementi collegati in parallelo.

IL valore della tensione impressa in funzione del tempo del generatore è riportato nell'immagine in cui è presente anche l'informazione della fase iniziale pari a meno 30 gradi.

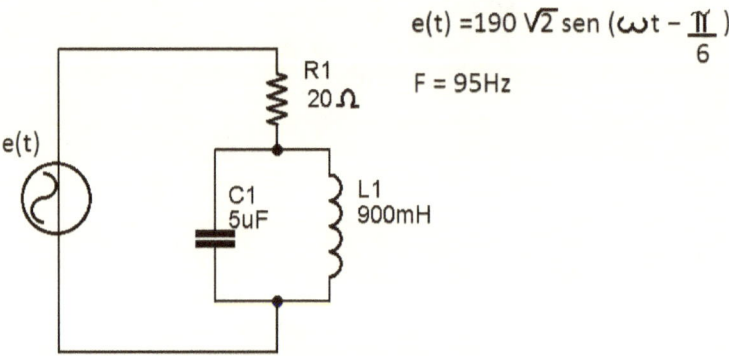

$$e(t) = 190 \sqrt{2} \, sen \left(\omega t - \frac{\pi}{6} \right)$$

$$F = 95Hz$$

Cominciamo l'esercizio trasformando il generatore dal dominio del tempo al dominio dei fasori, che per noi coinciderà con il piano complesso. La trasformazione non è difficile ma comporta un minimo di ragionamento. Osserviamo come il valore in volt è stato fornito. Dopo la dicitura e(t) ovvero "tensione che varia in funzione del tempo", abbiamo l'uguale seguito da una coppia di numeri, essi sono il valore efficace, che come detto corrisponderà al valore letto dal multimetro digitale (un comune tester) seguito dal coefficiente "radice di due". Quando il generatore è fornito in questo modalità, il tecnico ne ha un vantaggio perché la trasformazione in fasore richiede appunto l'estrazione del valore efficace.

La forma fasoriale, ovvero la trasformata di Stainmentz, richiede di moltiplicare il valore efficace della tensione per il coseno della fase iniziale (in questo caso meno 30 gradi) più il coefficiente dell'immaginario "J" oppure "i" moltiplicato per il seno dello stesso angolo.

L'operazione di conversione è agevolata dalla grafica. Disegniamo la circonferenza goniometrica (si chiama così la circonferenza di raggio unitario in cui si stimano i valori di seno e coseno di un angolo), e riportiamo in essa la fase iniziale di -30°.

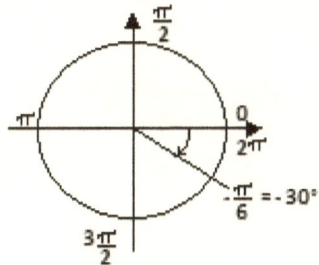

Notiamo che la circonferenza goniometrica è tarata in quarti di Pigreco, corrispondenti all'angolo di 90°. Il raggio riportato a -30°, rappresenta già con buona approssimazione il fasore di tensione V, dato che l'argomento sarà già direttamente riportabile in un diagramma vettoriale. Manca ancora l'informazione relativa al modulo, ovvero la lunghezza del vettore a partire dall'origine degli assi alla punta del fasore.

Proiettiamo il punto di intersezione in ascissa (coseno dell'angolo) e in ordinata (seno dell'angolo).

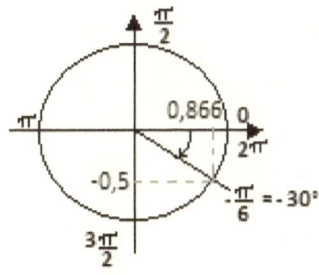

Su questa seconda immagine sono riportate le proiezioni con i loro valori numerici. Ottenere questi valori è molto semplice, basterà digitare in qualunque calcolatrice scientifica "sin-30" e dare invio, anche quella di Windows. I neofiti della materia, scopriranno presto che i valori ricorrono spesso quindi dopo un po' di esercizio resteranno nella mente rendendo inutile la calcolatrice in questa fase.

Vediamo quali valori si ottengono eseguendo la trasformazione.

$$\overline{E} = 190 \, (0{,}866 - j0{,}5)$$
$$= 164{,}54 - j95$$
$$= 189{,}99 \angle -30°$$

Indichiamo con E il fasore ottenuto, esso si compone del suo valore efficace 190 volt, moltiplicati per il coseno dell'angolo, più "i" o "j" seno del medesimo angolo, nel nostro caso essendo l'angolo negativo compare il segno meno.

Nell'immagine ho omesso l'unità di misura ma ovviamente si tratta di volt.

Nella riga successiva compare la rappresentazione in modulo e argomento (fase). Tale modalità è ricavabile semplicemente schiacciando un tasto della calcolatrice in praticamente tutti i modelli, ma nel caso si volesse eseguire la conversione a mano tra coordinate così dette rettangolari a quelle così dette polari o modulo e argomento, allora si dovrà fare, per il modulo, la radice quadrata della somma delle componenti al quadrato, e per l'argomento, l'arco tangente, a volte indicata con tang alla -1, del rapporto della parte immaginaria (quella con il J) con quella reale. Fate una prova e otterrete gli stessi valori visibili in foto.

Una volta convertito il generatore, si procede alla costruzione della "rete simbolica" o rete fasoriale, convertendo i bipoli resistore, condensatore, induttore, nelle corrispettive impedenze. E' fondamentale avere chiaro che il valore in Ohm assunto da questi componenti non è una costante legata solo ai valori di resistenza, capacità e induttanza, ma è principalmente legato al valore della frequenza con cui è stimolato il circuito. Ecco perché si farebbe di certo una brutta figura recandosi al negozio per chiedere un "condensatore" da j335 Ohm, come indica nei calcoli visibili nella foto successiva.

Fissiamo nella mente l'importante concetto "reattanza" e "impedenza" pur avendo la stessa unità di misura (ohm) non sono la stessa cosa. La reattanza è un numero reale e rappresenta la reazione del componente alle sollecitazioni periodiche in questo caso sinusoidali,
mentre l'impedenza è per definizione un numero complesso composto da una parte reale (la resistenza) e da una parte immaginaria reattiva (j per la reattanza).

$$\omega = 2\pi f = 2 * 3,14 * 95 = 596,9 \; \frac{[rad]}{[s]}$$

$$X_L = \omega L = 596,9 * 900 * 10^{-3} = 537,2 \; \Omega$$

$$X_C = \frac{1}{\omega C} = 335,06 \; \Omega$$

$\dot{Z}_R = 20 \; \Omega$

$\overline{E}_1$

$\dot{Z}_C \quad \dot{Z}_L$

$\dot{Z}_R = R + J0 = R = 20 \; \Omega$

$\dot{Z}_L = 0 + J X_L = J537,2 \; \Omega$

$\dot{Z}_C = 0 + J X_C = J335,06 \; \Omega$

$$\boxed{\dot{Z} = R + J X} \qquad \text{Definizione di impedenza}$$

$$\dot{Z}_{tot} = \dot{Z}_R + \frac{(\dot{Z}_C * \dot{Z}_L)}{(\dot{Z}_C + \dot{Z}_L)} = 20 + \frac{(335,06 * J537,2)}{(J335,06 + J537,2)} = (20 + J206,35)$$

Il procedimento esposto in questa immagine segue questo schema:

- Disegno della rete simbolica in cui i bipoli sono rappresentati tutti come rettangolini e il generatore diviene pseudo stazionario, in cui si intuisce che si tratta di un "fasoriale" perché la grandezza impressa E ha sopra il segno di "vettore".
- Si ricava la pulsazione angolare direttamente dalla frequenza. La proporzionalità è molto diretta, vedi calcolo.
- Si ricavano le reattanze induttive e capacitive rispettando la loro definizione.
- Si scrive la definizione generica di impedenza come operatore complesso.
- Si calcolano le tre impedenze, resistiva, induttiva, capacitiva, applicando direttamente la definizione.
- Si riduce la rete a un'unica impedenza (sintesi di impedenze), usando i normali calcoli del regime stazionario dato che la trasformazione in campo complesso ha linearizzato la rete rendendo applicabili tali procedimenti. Ad esempio è ora

applicabile la legge di ohm o il calcolo di serie e paralleli di impedenze.

- Applichiamo la legge di ohm, tenendo presente che si tratta di un rapporto tra grandezze complesse, ovvero moltiplichiamo entrambi il numeratore e il denominatore per il complesso coniugato del denominatore.

- Ottenuta la corrente complessa (fasore di corrente in uscita dal generatore), posiamo procedere al calcolo delle potenze fornite dal generatore. Si procede così: $S=V*I^{\sim}$. Otterremo una potenza complessa. Ovvero composta di una parte reale e una parte immaginaria. Come accennato a glossario, la parte reale è la potenza attiva (si misura in Watt ed è dissipata dalla resistenza), mentre la parte immaginaria, privata del coefficiente "j" è la potenza reattiva (si misura in V.A.R., volt ampere reattivi e viene dissipata dai componenti reattivi, ovvero la capacità e l'induttore.

Esercizio: Si consideri una maglia costituita da un generatore di tensione sinusoidale con in serie un capacità una resistenza e una induttanza. Frequenza delle rete 60Hz, valore della capacità 25uF, valore della induttanza 1000mH. Valore della resistenza 20Ohm. Calcolare la corrente emessa dal generatore, lo sfasamento tra tensione e corrente (è l'argomento fase tensione meno fase corrente), potenza attiva assorbita dalla rete, potenza reattiva assorbita dalla rete.

Un circuito come quello presentato nell'esercizio può trovare applicazione in elettronica nei filtri passivi, o nelle reti dei filtri attivi costruiti con l'ausilio di operazionali. Reti simili sono usate anche per il rifasamento, li dove non siano impiegate tecniche più robuste come quelle dei "condensatori rotanti" costituiti da motori sincroni di grossa taglia posti in parallelo alla rete e tendenti a mantenere in fase il circuito grazie alle loro proprietà intrinseche.

Filtri passivi e filtri attivi.

La progettazione dei filtri passivi e successivamente attivi non è così complessa come potrebbe sembrare, ma è necessario conoscere la teoria e i concetti di base. In generale è possibile costruire dei filtri passivi utilizzando resistori, condensatori e induttanze opportunamente collegati tra loro. Analizziamo prima il caso più semplice legato alla proprietà dei condensatori di "lasciarsi attraversare" da una corrente, e quindi da un segnale, quando questo ha una frequenza elevata, o di parzializzare il livello del segnale stesso in funzione della sua frequenza. Il concetto così esposto è troppo riduttivo e di certo non accettabile in sede di esame, dato che sembrerebbe che sempre e in ogni caso passi "dall'altra parte del filtro a condensatore" solo la frequenza alta. Questo non è vero, dipenderà infatti da come e dove questo condensatore è collegato. Il condensatore potrebbe infatti essere collegato in modo da deviare verso la massa i segnali ad alta frequenza, lasciando passare nella linea in cui essi sono derivati le basse frequenze. Una spiegazione più approfondita sul funzionamento dei condensatori la ho posta in appendice.

Vediamo le configurazioni di base:

Alle basse frequenze, o addirittura in continua, il condensatore è un circuito aperto per cui il segnale Vin, attraversa la resistenza R, che nel caso fosse successivamente bufferizzata tramite un amplificatore operazionale si trova ad essere equipotenziale, ovvero il segnale non subisce attenuazione (pilotaggio in sola tensione), se invece il filtro viene usato in passivo, ovvero cosi come lo vediamo nella foto, l'attenuazione dovuta alla resistenza sarà proporzionale alla corrente che la attraversa (segnale continuo), all'aumentare della frequenza il condensatore, presentando la sua impedenza, fa da derivatore ohmico portando a massa parte del segnale che non potrà quindi raggiungere l'uscita. Il diagramma delle attenuazioni di modulo (diagramma di bode) mostrerà una funzione spezzata costituita da due semirette, la prima sovrapposta alle ascisse e proveniente da meno infinito (riferito alle frequenze), e al seconda, che innesta al punto $1/(R*C)$, detta frequenza di taglio, a scendere con una pendenza pari a -20db per ogni decade (vedi diagrammi di Bode).

La seconda configurazione di base è il filtro passa alto, in cui la capacità si trova in serie alla linea del segnale secondo lo schema sottostante:

Le basse frequenze incontrano sul loro percorso una capacità che si comporta da circuito aperto (si veda la definizione di reattanza) per cui non potranno attraversare il componente e quindi non raggiungo l'uscita. Le alte frequenze vedono invece un dispositivo quasi trasparente e lo attraversano senza fatica. Entrambi il filtro passa alto e il passa basso, in regime sinusoidale, si presentano come dei partitori variabili con la frequenza in cui, a seconda della posizione a "massa" o al "segnale" del componente reattivo, selezionano la frequenza alta o bassa.

E' possibile giocare un po' con le configurazioni, ad esempio mettendo in cascata un filtro passa basso a uno passa alto, dopo avere ben tarato le frequenze di taglio che come abbiamo accennato si trovano al valore $1/(R*C)$, per ottenere un filtro passa banda. Analogamente è possibile ottenere filtri reiettori di banda. Condensatori così collegati li troviamo spesso negli stadi di disaccoppiamento della continua dall'alternata degli amplificatori di bassa frequenza, o più propriamente da filtri nei controlli di toni o equalizzatori laddove non siano impiegati, dei sofisticati, se ben ormai comuni, circuiti integrati, progettati per questo scopo. In questo caso vedremo delle capacità collegate semplicemente a dei pin dell'integrato e la questione è risolta dalla circuiteria interna.

Filtro passa banda.

I filtri costruiti con le induttanze, anziché con i condensatori, oppure le combinazioni di grosse induttanze e condensatori li troviamo spesso applicati alla selezione di banda dai inviare agli altoparlanti all'interno dei potenti diffusori acustici e sono noti con il nome di crossover.
Supponiamo di porre queste reti passive dinanzi a un amplificatore operazionale, sia esso invertente o non invertente ma comunque in retroazione negativa. Si ottiene un filtro attivo la cui pendenza di taglio per decade può essere definita dalla configurazione usata.
A causa della prolissità dell'articolo preferisco non esporli ora ma di presentarli alla seconda edizione assieme alle reti correttrici (P.I.D.), e alle configurazione di calcolo integrale, derivativo, logaritmico ed esponenziale degli Amp. OP.

92

Reti elettriche in regime transitorio

Lo studio di una rete in regime variabile con l'ausilio delle equazioni differenziali che ne governano l'evoluzione in fase transitoria. Leggete le pagine manoscritte raggiungibili a questo link.

www.gtronic.it/energiaingioco/it/scienza/dispense_pdf/equazioni%20di fferenziali.pdf

Lo studio dei regimi transitori può comunque risultare piuttosto complicato, quindi è necessario esporre un metodo ben schematizzato che permetta con pochi ragionamenti di essere riadatto a una moltitudine di casi analoghi. Questo è quanto fatto nelle pagine manoscritte che potrete scaricare dal link sottostante.

www.gtronic.it/energiaingioco/it/scienza/dispense_pdf/studio%20di%20u na%20rete%20in%20regime%20variabile.pdf

Uso della calcolatrice consigliata

Per omogenizzare le operazioni, dinanzi a una classe di studenti, normalmente cerco di fare avere a tutti gli allievi una calcolatrice potente ed economica. Al costo di 20€ è disponibile la SHARP EL-506 che garantisce facilità di utilizzo in campo complesso, ovvero nei calcoli fasoriali elettrotecnici ed elettronici. Purtroppo riesce a svolgere sistemi lineari e sistemi in campo complesso al massimo di tre equazioni. Solitamente dimensiono gli esercizi su tre maglie (una maglia una equazione del sistema) ma non tralascio di spiegare la tecnica matriciale (metodo di Gauss) per risolvere i sistemi di ben più di tre equazioni. Queste non saranno mai richieste ai miei allievi di scuola superiore o dei corsi hobbistici, cosa che invece normalmente avviene in sede di esame universitario. Del resto parliamo di scuola superiore dove la dimensione di queste reti elettriche a tre maglie è più che sufficiente.

Vediamo le principali funzionalità specifiche per elettronica/elettrotecnica. Cominciamo con eseguire dei calcoli fasoriali.

Esercizio:

Supponiamo che in un circuito sia impressa una tensione fasoriale di V=(30-j15) volt e che l'impedenza complessiva vista alla porta sia di Z=(15-j5) ohm. Vogliamo calcolare la corrente circolante nel circuito, la potenza attiva, la potenza reattiva e la potenza apparente messe in gioco dal generatore.

Come riportato nella figura digitiamo prima il tasto "mode" (risponderà scrivendo sul display "normal stat (spostandoci con la freccia destra corrispondente a F3 compare anche) eqn cplx". Sotto a ogni voce c'è un numero da 0 a 3, Noi selezioneremo "3". Se in alto a sinistra compare "xy" allora la calcolatrice è commutata in complex mode, ed è pronta a eseguire i calcoli fasoriali.

Procediamo con il calcolo:

- (30- "ora guardate sul tasto sopra 8, c'è la "i", premiamo il pulsante, compare i poi 15 e chiudiamo la parentesi)
- Cosi facendo avete la tensione fasoriale visualizzata sul display
- Digitare il tasto di divisione
- Digitare il valore della impedenza (15 - "tasto sopra 8 per i" 5 e chiudete la parentesi).
- Date invio, la calcolatrice risponde visualizzando separatamente la parte reale e la parte immaginaria se è il modello base, visualizza separatamente la parte reale dalla parte immaginaria, mentre la versione write view vi mostrerà contemporaneamente le due parti del valore. Nel primo caso bisognerà digitare il tasto arancione "2ndF" e successivamente "Exp" per visualizzare la parte immaginari. In ogni caso il risultato dovrà essere I=(2.12-i8,13) ovviamente l'unità di misura sarà ampere.
- Possiamo visualizzare e anche utilizzare in calcoli successivi la corrente in formato modulo e argomento (detta anche modulo e fase) digitando il tasto arancione "2ndF" seguito da "8" in cui sopra possiamo vedere il simbolo delle coordinate polari. La calcolatrice risponde 8,4 (il modulo) e di nuovo digitando "2ndF" seguito dal tasto "exp" mostrerà la fase in gradi, ovvero -75,38°.
- Calcoliamo la potenza complessa moltiplicando la tensione fasoriale per il complesso coniugato della corrente appena trovata. Procediamo (30-i15) per (2.12+i8.13) si ottiene: S=(63,6-i39.93) che posto in modulo e fase è pari a 75 (potenza apparente in volt ampere) con fase -32.12.
- Dal calcolo di S si ottiene direttamente la parte reale (potenza attiva in Watt, pari a 63,6W) e la parte immaginaria (potenza reattiva in V.A.R. volt ampere reattivi, pari a 39,93 V.A.R.)

Il condensatore dal punto di vista elettrotecnico

Dal punto di vista elettrotecnico il condensatore è costituito da due piastre affacciate (nel caso più semplice) o da forme diverse quali cilindri concentrici o sfere concentriche o semplicemente sfere che trovano la seconda armatura in altre forme attigue o semplicemente a terra.

L'unita di misura è il Farad, ma usualmente sono impiegate porzioni molto piccole di esso in quanto risulta essere una unità di misura piuttosto grande a causa di come è definita.

$C = Q/V$

dove con **Q** si indica la totale quantità di carica depositata nell'armatura ed espressa in Coulomb, mentre con V ovviamente la differenza di potenziale elettrico a cui sono sottoposte le piastre.

Il comportamento del componente è assai diverso a seconda del regime di tensione a cui è collegato, in stazionario si comporta infatti come un interruttore aperto, in transitorio risponde al gradino di Heviside con la classica funzione che è la curva di carica che universalmente viene accettato porti il valore della d.d.p. ai capi del condensatore in 4-5 volte la costante di tempo RC che viene a formarsi nel ramo in cui esso è inserito, in sinusoidale assume invece un comportamento ohmico, noto come impedenza capacitiva, che quando puramente detta (non ha cioè altri effetti che infieriscono nel ramo) causa uno sfasamento della tensione in ritardo di Pigreco-mezzi radianti (90°) rispetto alla corrente.

Il condensatore costituisce anche un accumulatore di energia elettrostatica nella quantità pari alla metà della capacità per la tensione applicata alla piastre al quadrato.

Se usato in regime stazionario tra le piastre si instaura un campo elettrico (vettoriale) anche esso stazionario. L'operatore differenziale "rotore", che esula da questo tutorial, risulta nulla perché se il dielettrico è omogeneo le linee di forza del campo elettrico sono rettilinee, e questo operatore esprime in qualche modo proprio la vorticosità di esse.

La distanza tra le piastre determina l'intensità di questo campo dato che vale la formula:

$V = E * h$ da cui $E = V/h$ con h distanza tra le piastre.

Dato che come detto all'inizio la capacità è inversamente proporzionale alla tensione, essa risulterà anche inversamente proporzionale al campo elettrico secondo la formula, ottenuta per sostituzione:

$$C = Q/(E*h)$$

Quindi abbassando il campo elettrico tra le piastre si aumenta la capacità C del dispositivo. Una maniera semplice per ottenere questo scopo è quello di inserire tra le piastre un "dielettrico" più o meno efficace che creando un campo di polarizzazione inverso tra le armature che si andrà a sommare vettorialmente al diretto creato dalle cariche depositate tra di esse avrà appunto l'effetto di diminuire il campo interno complessivo aumentando la capacità, questo a parità di estensione distanza e forma delle armature.

Diodi

Consideriamo l'accostamento di due cristalli di silicio di diverso drogaggio, uno P con drogante del terzo gruppo e uno N con drogante del quinto gruppo della tabella periodica degli elementi, tipicamente Arsenico e Gallio, questi vanno a formare il diodo a giunzione con anodo e catodo orientati come in figura:

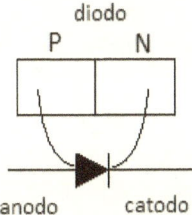

Applicando una differenza di potenziale tra anodo e catodo si può istaurare una corrente a patto che questa superi un valore piuttosto basso, a volte trascurabile, detta V_γ (leggasi Vu-gamma), quando la polarizzazione sia diretta, mentre la conduzione si instaura a un valore molto alto V_b (ovvero tensione di break down) quando la polarizzazione sia inversa.

Il grafico tensione corrente mostrato sotto mostra questa situazione.

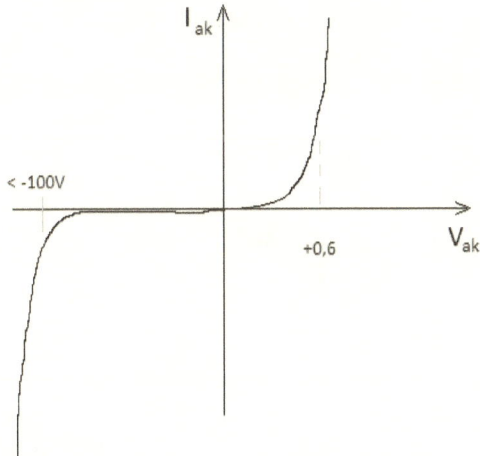

In sostanza, al contrario di quanto in genere si pensa, il diodo può condurre sia direttamente che inversamente ed è proprio su questa caratteristica che si basa il funzionamento del diodo Zener.

Tipi di diodi

1. All'ossido di rame e selenio: gli ossidi metallici accoppiati a metalli hanno la caratteristica di comportarsi come diodi. Diverse lamine di selenio ossidato da un lato e rame erano impilate a costituire un collegamento in serie.

2. A cristallo: se su particolari cristalli, in particolare la galena, viene premuta una punta metallica si realizza un diodo come conseguenza del potere disperdente delle punte. Questo effetto era impiegato (ed è ancora utilizzato a scopo didattico) in alcune vecchie radio.

3. A semiconduttore: è la tecnologia attualmente dominante, inizialmente basata sul germanio, ora sul silicio, impiegato per realizzare diodi e tiristori. È costituito dalla giunzione di due parti di semiconduttore drogate con impurità in modo opposto (giunzione p-n).

4. Diodo Schottky: è simile al diodo a semiconduttore, con la differenza che una delle due parti è costituita da un metallo, realizzando una giunzione metallo-semiconduttore. È un discendente, per principio di funzionamento, del raddrizzatore a cristallo.

5. Al carburo di silicio (SiC), una nuova tecnologia che permette la realizzazione di diodi rettificatori privi del recupero inverso. Questa caratteristica è fondamentale nelle applicazioni di potenza ad alta frequenza e velocità di commutazione e in amplificatori audio HiFi per ridurre il rumore di rettificazione introdotto nel circuito.

LED (Light Emitting Diode).

Il diodo LED, quando polarizzato direttamente, emette luce tipicamente monocromatica e non coerente. Con non coerente si intende non di tipo laser, cosa comunque possibile ma con altri tipi di diodi più specifici.

È il tipo di drogaggio a determinare la lunghezza d'onda, quindi il colore, della luce emessa.

Detto questo significa che non è il colore della cupola di plastica a determinare l'emissione bensì la tipologia del cristallo.

Il tipo di drogaggio determina anche la tensione Vak minima per portare in conduzione diretta il diodo, queste tensioni sono riassunte nella tabella e sono comunque in continua evoluzione perché migliorano costantemente le tecnologie costruttive.

Colore	Tensione diretta
Infrarosso	1,3 V
Rosso	1,8 V
Giallo	1,9 V
Arancione	2,0 V
Verde	2,0 V
Azzurro	3,0 V
Blu	3,5 V
Ultravioletto	4,0-4,5 V

L'impiego più comune e per segnalazione su pannelli di controllo e come spie luminose, oppure come trasmettitori per telecomandi e fibre ottiche. Di recente sono stati sviluppati modelli ad alta luminosità adatti per illuminotecnica, e già oggi esistono in commercio numerosi apparecchi di illuminazione che utilizzano i LED come sorgenti in alternativa alle tradizionali lampade ad incandescenza e alle lampade fluorescenti, con notevoli vantaggi in termini di risparmio energetico, durata e resa cromatica. La loro tensione di polarizzazione diretta varia a seconda della lunghezza d'onda della luce che emettono, ed emettono tanta più luce quanta più corrente li attraversa che dovrà essere mantenuta inferiore a quella di rottura tramite la consueta resistenza in serie: Per i diodi normali in genere è necessario una corrente di circa 4 mA (corrente di soglia) perché possano emettere luce in quantità percettibile. I LED di nuova generazione si accendono in maniera appropriata anche con un solo milliampere.

La corrente varia in funzione del tipo di led impiegato. I diodi LED impiegati nei display a sette segmenti richiedono di media 15 mA per emettere una buona luminosità. Nel caso di LED HL (alta luminosità) la corrente sale fino a valori di circa 20-25 mA. LED di nuova concezione, ad altissima luminosità sono in grado di assorbire correnti di molti ampere, per questi, è previsto l'accoppiamento meccanico di un dissipatore di calore, ma questi servono solo alla costruzione di lampade per illuminazione o i fari delle nuove automobili, nei circuiti elettrici di solito non si impiegano.

Diodo Zener

Il diodo Zener è costruito appositamente per sfruttare il funzionamento in valanga del diodo. È infatti un diodo costruito secondo caratteristiche particolari per dissipare potenza con utilizzo in zona di "break down". In questo stato la tensione ai capi del diodo rimane approssimativamente costante al variare della corrente, perciò il diodo può fornire una tensione di riferimento relativamente costante: lo Zener è un diodo ottimizzato per questo uso, in cui la tensione di Zener è resa il più possibile insensibile alla corrente di valanga, anche se comunque una tensione inversa eccessiva porta il diodo alla rottura. Il motivo dell'elevata pendenza della corrente inversa è dovuta principalmente da due casi: l'effetto valanga e l'effetto Zener.

L'aumento della tensione inversa provoca un'accelerazione degli elettroni che, aumentando la loro energia, ionizzano il reticolo cristallino (valanga); ma possono anche spezzare i legami covalenti in modo da estrarre elettroni (Zener). Questi due effetti si compensano per una tensione circa uguale a 6 V (a seconda del diodo Zener utilizzato si possono avere tensioni diverse). Sopra i 6 V prevale l'effetto valanga, sotto l'effetto Zener.

Tuttavia, per quanto lieve, la dipendenza dalla corrente è sempre presente, e peggio ancora la tensione di Zener varia sensibilmente con la temperatura ambientale: per questo motivo gli Zener vengono utilizzati soprattutto per generare tensioni di polarizzazione e stabilizzazione di alimentatori e non come campioni di tensione. Poiché i diodi Zener vengono utilizzati in polarizzazione inversa, si ha un effetto capacitivo associato alla zona di svuotamento in prossimità della giunzione, questa capacità detta di transizione varia tra valori trascurabili di qualche nF ed è rilevante per i diodi di elevata potenza in quanto condiziona la massima frequenza di lavoro.

Diodo varicap.

Il **diodo varicap** o **varactor** è un particolare tipo di diodo a semiconduttore la cui caratteristica principale è di variare la capacità di giunzione al variare della tensione di polarizzazione inversa. La sua funzione è quella di un condensatore variabile, e la sua natura di diodo passa in secondo piano.

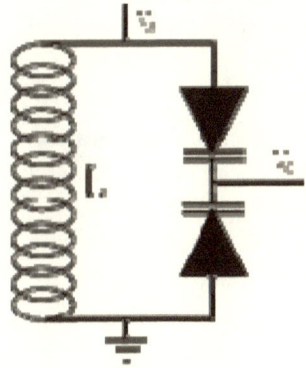

Tipo circuito implementativo con due diodi varicap. La tensione di controllo è Vc

Il diodo viene polarizzato inversamente in modo che non vi sia flusso di corrente. In queste condizioni, nella giunzione viene a formarsi una zona di svuotamento in cui i portatori liberi di cariche si ricombinano e scompaiono, e restano solo le cariche fisse non neutralizzate degli ioni droganti del cristallino. Lo spessore di questa zona, e la carica presente, sono proporzionali alla radice quadrata della differenza di potenziale applicata. Siccome è presente una carica dipendente da una variazione di potenziale, la giunzione ha un comportamento capacitivo. La zona di svuotamento agisce contemporaneamente come dielettrico e come armatura di un condensatore.

La capacità di un varicap è inversamente proporzionale alla radice della tensione:

$$C_j = \frac{C_{j0}}{\sqrt{1 - \frac{V_D}{V_{bi}}}}$$

dove V_{bi} è la tensione di built-in, caratteristica del diodo, e V_D è la tensione sul diodo.

Tutte le giunzioni, e quindi tutti i diodi e transistor a semiconduttore, presentano in qualche misura questo fenomeno, che è spesso negativo in molte applicazioni. Nel varicap, ed in alcuni più di altri, la progettazione mira ad aumentare invece l'effetto, aumentando la superficie di giunzione e drogando opportunamente il semiconduttore. In particolare si cerca di aumentare l'intervallo di variazione della capacità.

Non tutti i varicap sono diodi. Nella realizzazione di circuiti integrati in tecnologia CMOS è possibile implementare un varicap ponendo una regione fortemente drogata positivamente (chiamata impianto P+) all'interno di una regione leggermente drogata positivamente (chiamata PWELL). Similmente, nella tecnica NMOS si possono includere regioni N+ all'interno di regioni NWELL.

I varicap sono impiegati in amplificatori, oscillatori e negli Oscillatori controllati in tensione (VCO) facenti parte di un circuito PLL.

Diodo al germanio

Il diodo al germanio è costituito da una giunzione a semiconduttore realizzata con germanio; ha una tensione di soglia più bassa (tipicamente di 0,3 V) che lo rende particolarmente adatto per la rivelazione dei segnali radio (demodulatore o rivelatore per la modulazione d'ampiezza).

Schottky:

Walter Schottky (Zurigo, 23 luglio 1886 – Pretzfeld, 4 marzo 1976) è stato un fisico e inventore tedesco. Lavorò nel campo dei tubi termoelettronici e dei semiconduttori.

La sua invenzione più famosa è un particolare tipo di diodo, con tempo di reazione molto rapido, che porta il suo nome: il diodo Schottky.

I diodi Schottky sono molto utilizzati negli impianti di automazione specialmente per realizzare il ricircolo delle extra correnti dovuti ai picchi di tensione inversa sui carichi induttivi. Per questa ragione vedremo spesso dei diodi in anti parallelo alle bobine di relè o carichi similari. Spesso, i diodi di ricircolo sono integrati nei dispositivi di commutazione di potenza come i Mosfet o gli IGBT.

Il diodo Schottky è costituito da una giunzione metallo-semiconduttore invece che da una giunzione a semiconduttore. Le sue principali caratteristiche sono la tensione di soglia a 0,35 V invece di 0,6 V e tempi di commutazione brevissimi; viene usato come rettificatore negli alimentatori switching e nei dispositivi sTTL.

Diodi di ricircolo. Il controllo in maniera intermittente di carichi induttivi, con maggior risalto quando questi sono in continua, comporta il fenomeno delle extra tensioni inverse, ai capi del punto di interruzione, che originano dei picchi di corrente che possono risultare distruttivi. Il fenomeno può essere annichilito usando dei diodi in tecnologia Schottky, di cui si sfrutta la tipica velocità di intervento.

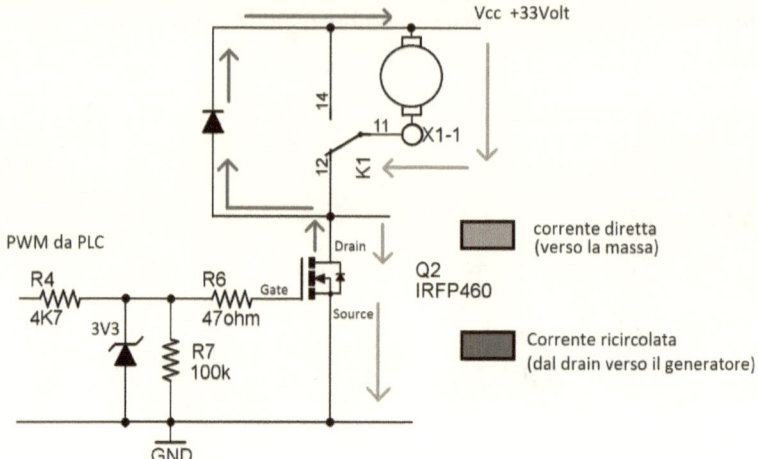

Raddrizzatore di precisione o superdiodo.

Qualora il segnale da raddrizzare abbia una tensione molto bassa, la tensione di caduta del diodo non è trascurabile. Poiché la conduzione inizia solamente dopo il superamento del valore di soglia, segnali inferiori vengono del tutto soppressi. Anche oltre la soglia, la caduta di tensione è sottratta al segnale.

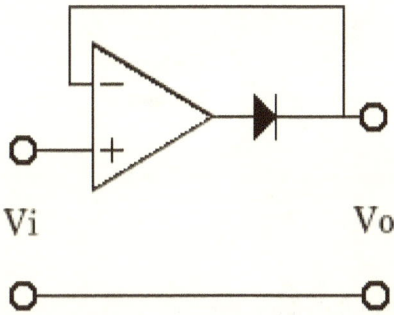

Per ovviare a questo inconveniente, negli strumenti di misura e altri dispositivi dove sia richiesta una rettificazione precisa del segnale, si usano diodi inseriti nel circuito di retroazione di un amplificatore operazionale

In questo circuito l'amplificatore lavora come inseguitore, portando il valore di V_o allo stesso valore di V_i. Perché questa condizione si verifichi occorre che:

$$V_i >= \frac{V_d}{G}$$

dove V_d è la caduta di tensione sul diodo e G è il guadagno dell'amplificatore operazionale. Poiché solitamente G è nell'ordine delle centinaia di migliaia o milioni, la tensione di soglia è ridotta di un equivalente fattore rispetto alla tensione di caduta e quindi l'errore è dato principalmente dagli errori dell'amplificatore operazionale, in particolare causato da sbilanciamento della tensione d'ingresso, dalla velocità e dalla corrente d'ingresso del terminale invertente.

Diodo tunnel

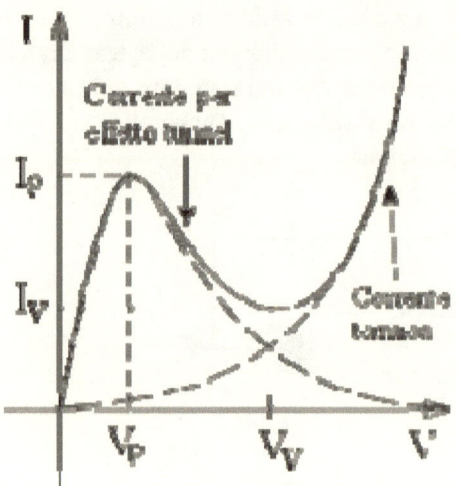

Caratteristica I(V) del diodo tunnel

Inventato nel 1957 da Leo Esaki nei laboratori Sony, in questo diodo il drogaggio dei due semiconduttori p-n è tanto forte da farlo degenerare in due conduttori separati da una barriera di potenziale estremamente alta e stretta. In queste condizioni alcuni elettroni però riescono ugualmente a passare, attraverso il fenomeno quantistico dell'effetto tunnel, quando il dispositivo è polarizzato con una tensione diretta ma ancora insufficiente a portare il diodo in regime di conduzione classica: aumentando la tensione, la corrente "tunnel" diminuisce fino ad un minimo, oltre il quale subentra il meccanismo di conduzione termica del diodo normale e la corrente riprende a salire.

Questo tratto di caratteristica a pendenza negativa permette al diodo di trasferire energia ai segnali che lo attraversano: tipici impieghi dei diodi tunnel sono nel campo delle microonde da 30 MHz a 300 GHz in circuiti a bassa potenza come oscillatori locali e PLL a microonde. La velocità di commutazione e dei fronti di salita e discesa nelle tensioni inferiori ai 50 mV è tuttora irraggiungibile con tecnologie di commutazione a transistor.

L'uso civile più diffuso del componente è nella strumentazione di misura ed in particolare nello stadio trigger degli oscilloscopi professionali e nei generatori d'impulso, dove ne sono stati utilizzati milioni di esemplari.

Diodo Backward

In questo particolare diodo tunnel uno dei due semiconduttori è meno drogato e si trova al limite del caso degenere: questo fa sì che il diodo inverso (denominato in tanti modi tra cui back diode) si comporti come un normale diodo se polarizzato direttamente, ma conduca anche se polarizzato inversamente; in effetti il diodo inverso (da qui il nome) conduce molto meglio in polarizzazione inversa che in polarizzazione diretta. Il suo uso principale è nella rilevazione di piccoli segnali, o come miscelatore.

Beginner BJT:Il modello ai grandi segnali

Iniziamo la discussione in maniera breve e classica ovvero dicendo che l'acronimo BJT significa Bipolar junction transistor, con cui si vuole esprimere il concetto che il flusso di cariche maggioritarie che attraversano il canale conduttivo incontreranno nel tragitto sia il drogaggio positivo che il drogaggio negativo dei cristalli componenti. In effetti le giunzioni sono due ma non è questo fatto a dare il nome.

Nella parte iniziale del testo sono riportati i più comuni housing per i BJT. Questa raccolta vi servirà per i successivi passi in cui dovrete impiegare il componente in circuiti stampati fatti in FidoCad, è quindi indispensabile sapere la differenza tra un TO92 e un TO220.

Che cosa è un transistor?

Cominciate subito con il dimenticare cose assurde e fantascientifiche del tipo "è una tecnologia aliena" ...Rooswelt ..e baggianate varie. I transistors sono stati semplicemente la naturale evoluzione dei tubi a vuoto, esistenti in epoca antecedente agli anni 50. In quegli anni i tre scienziati Brattain, Shockley e Bardeen, presso i Bell Labs nella storica data del 23 dicembre 1947 presentarono il prototipo del transistor BJT. Il dispositivo avevo lo scopo di amplificare dei segnali telefonici sostituendo i tubi a vuoto che risultavano poco affidabili a causa delle frequenti rotture e poco convenienti a causa della grande quantità di energia convertita in calore invece che in segnale utile. I tre scienziati vennero premiati con il Nobel nel 1956. Benché tutta la storia sia ampiamente documentata, e il lavoro di questi scienziati riconosciuto, al mondo c'è ancora qualche "malato" che va a dire in giro che i transistor sono stati portati dagli alieni e sviluppati dagli americani grazie al reverse engineering.

Brattain, Shockley e Bardeen, inventori del transistor

Ai primordi delle ricerche sui transistor, gli scienziati si accorsero che possono essere costruiti due tipi di semiconduttore "migliorato". Quello di tipo P e quello di tipo N. I cristalli di silicio assumevano caratteristiche di surplus elettronico (elettroni liberi in più nel reticolo cristallino) quando venivano resi impuri a causa delle presenza di una sostanza del quinto gruppo chimico. Divenivano quindi complessivamente più negativi della condizione neutra assunta dal silicio che si trova nel gruppo quattro. Analogamente si otteneva un cristallo di tipo P inquinando la sostanza pura del quarto gruppo (silicio) con un elemento del terzo. Questo procedimento assunse il nome di drogaggio del semiconduttore.

Oltre al silicio, nel quarto gruppo chimico vi è anche il germanio, con analoghe caratteristiche. Il prototipo del primo transistor fu presentato dai tre scienziati costruito proprio con questa sostanza.

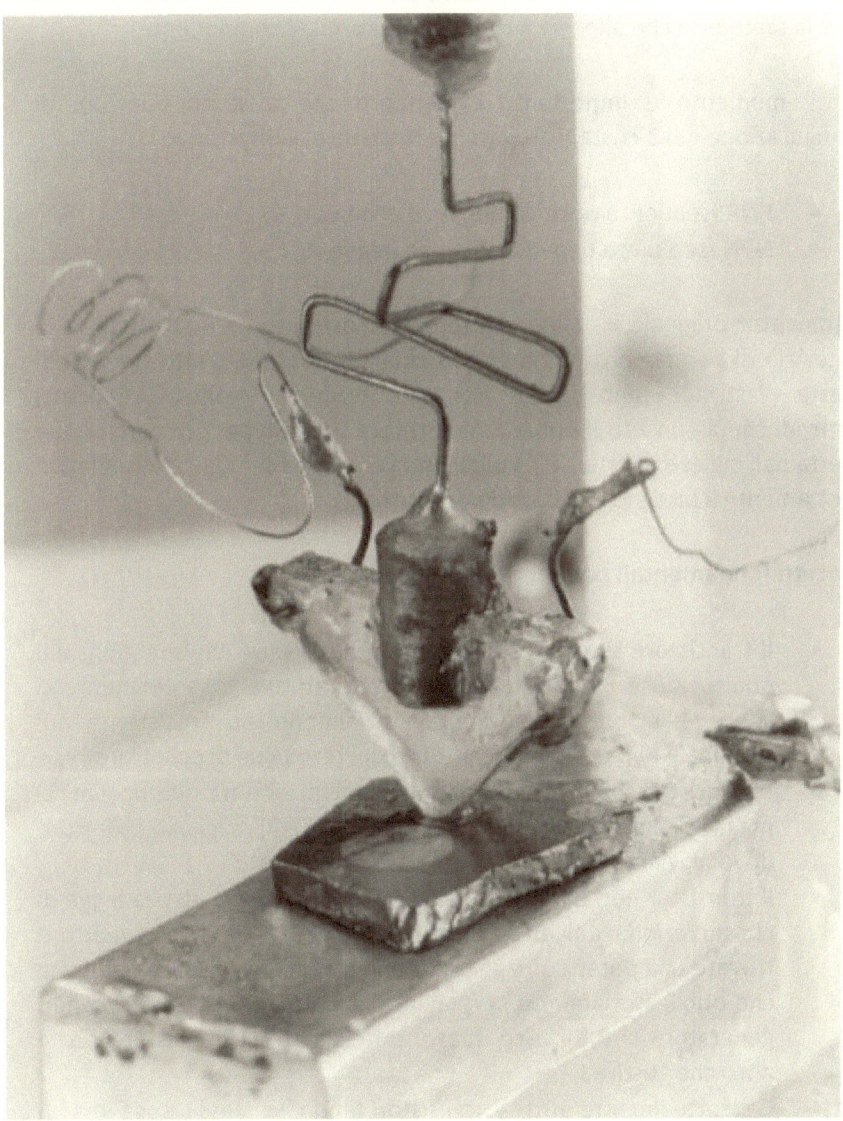

Transistor al germanio presentato il 23 dicembre 1947

Il nome transistor è la combinazione di due termini, **TRANS**conductance e vari**STOR**. Uniamo le parti evidenziate e otteniamo transistor. I transistor odierni sono ovviamente molto più eleganti di questo Frankenstein ed hanno diversi alloggiamenti di cui bisogna tenere conto nel momento in cui si progetta il circuito e si disegna il circuito stampato.

Tra qualche riga vedremo perché usare un certo TO invece che un altro (il TO è la scatoletta che alloggia il cristallo che forma il componente).

Per il momento è importante evidenziare che esistono due tipi di configurazione dei 3 cristalli drogati internamente al dispositivo.

- **PNP** (sequenza positivo negativo positivo)
- **NPN** (sequenza negativo positivo negativo)

IL transistor originale visibile nella foto era costituito da una piastrina di materiale di germanio drogato che fu chiamata base. Sul lato opposti di questa piastrina erano saldati altri due terminali molto sottili detti elettrodi che assunsero il nome di emettitore (o emittore per derivazione diretta dall'inglese emitter) e il collettore. Da questa configurazione deriva direttamente il disegno elettrico del transistor.

Concetti fondamentali per l'uso dei transistor.

- Il transistore si brucia subito se non ha in serie alle sue giunzioni qualcosa che limita la corrente che lo attraversa, solitamente ci sono delle resistenze che siano almeno Rb (resistenza sul terminale di base) e Rc (resistenza del terminale di collettore).
- Il transistor costituisce il nodo di congiunzione tra due maglie, 1) maglia di base in cui circolano segnali bassi. 2) maglia di collettore dove troviamo il medesimo segnale "amplificato".
- Il transistor non è magico! nel senso che non va contro la legge di conservazione dell'energia, quindi se nella maglia di collettore trovate una potenza maggiore che in quella in base allora significa che obbligatoriamente in quella seconda maglia vi è un secondo generatore che fornisce questa potenza che il transistor non fa altro che gestire.
- Concettualmente tutti i transistor fanno la stessa cosa ma in pratica non è vero. Alcuni sono più adatti di altri a gestire alte potenze. Alcuni posso gestire frequenze più elevate. Alcuni hanno un guadagno maggiore di altri. ecc.

- Anche quei transistor che sembrano avere due terminali in realtà ne hanno 3. Il terzo è sicuramente costituito dal corpo metallico del componente (vedi il TO3).

Le sigle europee

Il sistema europeo di nomenclatura prevede l'identificazione del dispositivo con due lettere seguite da un numero. Vediamo in breve quali sono:

Prima lettera:

- A (tecnologia al germanio: oggi rara)
- B (tecnologia al silicio: oggi standard)
- C (tecnologia all'arseniuro di gallio GaSp)

Seconda lettera:

- C (Transistor di piccola potenza valido anche per audiofrequenza)
- D (Transistor di potenza per audiofrequenza)
- F (transistor di piccola potenza per radiofrequenza)
- L (transistor di potenza per radiofrequenza)
- P (dispositivo fotosensibile)
- S (transistor di commutazione di piccola potenza)
- U (transistor di potenza per commutazione)

Numero di serie:

Il numero di serie dei dispositivi per elettronica "domestica" o meglio "commerciale" è composto da 3 cifre che seguono le due lettere precedenti, ad esempio BC337. I dispositivi da utilizzarsi in ambito industriale hanno una terza lettera e due sole cifre come ad esempio BFX30.

Tipo di tecnologia

Polarità del supporto incontrato dagli elettroni durante il transito.

Durate il funzionamento il transistor è attraversato da almeno due correnti, una nella maglia di ingresso (maglia di base: Ib) e una nella maglia di uscita (maglia di collettore- emettitore: Ic). Secondo la nota legge di Kirchhoff queste si sommano algebricamente nel terzo terminale. Dato che la corrette di controllo è spesso molto più piccola di quella da inviare al carico, specialmente nei piccoli BJT di segnale, allora si più spesso dire che il terminale interessato dal passaggio della somma di correnti porta in realtà un valore prossimo a quello di Ic (conf. NPN) quindi Ie è circa Ic.

Prendiamo come riferimento la corrente nella maglia di uscita. Dato che come precedentemente detto esistono delle sequenze di drogaggio (PNP o NPN) il flusso elettronico sarà costretto ad attraversare un cambio di polarità pur non cambiando la propria. Transistor di questo tipo si chiamano BIPOLARI o meglio bipolar junction transistor che abbreviato restituisce la famosa sigla BJT.

Esistono transistor, al dire il vero molto comuni, in cui il canale di potenza è costruito in tecnologia unipolare (unipolar junction transistor) noti come UJT.

Unipolari sono anche tutti i transistor di tipo MOS.

Qui ci limitiamo a presentare le caratteristiche di funzionamento, in una particolare zona di lavoro, del BJT.

Zone di lavoro

Il BJT per lavorare ha bisogno di une rete di resistenze esterne nota come "rete di polarizzazione". La mancanza ne comporta la distruzione immediata.

Nel caso minimale bisogna che ci sia almeno la resistenza nella maglia di base, solitamente indicata con Rb, e qualcosa che funga da resistenza nella maglia di collettore, ad esempio la bobina di un piccolo relè, o un piccolo motore DC. Insomma sia sulla maglia di ingresso che su quella di uscita deve esserci qualcosa che limiti la corrente ai valori accettati dalle caratteristiche dello specifico transistor. Vedere databook del dispositivo.

Le due maniere principali di lavoro sono:

- Interruttore allo stato solido.
- Amplificatore di segnali oscillanti o stazionari.

Il primo si studia con il modello equivalente detto ai grandi segnali, mentre il secondo con il modello ai piccoli segnali. Il primo approccio è bene che avvenga nello studio del dispositivo impiegato per simulare un interruttore.

Valgono le seguenti relazioni:

- Funzionamento da interruttore -> lavorare tra la zona di interdizione e la zona di saturazione.
- Funzionamento da amplificatore -> lavorare in zona lineare.

Intuiamo dunque che esistono tre zone di lavoro, Saturazione, interdizione, zona lineare che corrispondono a:

- Saturazione -> tra i terminali di collettore e emettitore c'è una tensione così bassa da sembrare un corto circuito, quindi il transistor simula un interruttore chiuso. Quando la rete di polarizzazione (le resistenze) è ben calcolata tra collettore e emettitore dobbiamo trovare circa 0,2 volt. Questa tensione in bibliografia solitamente è indicata con Vce-sat.
- Interdizione -> Termine che significa "spento". In queste condizioni di lavoro il BJT si comporta come un interruttore aperto. A meno di trascurabili correnti di fuga, si po' dire che nella maglia di collettore (ovvero quella del carico) non circola alcuna corrente. Dato che tra i capi di un conduttore, buono o cattivo che sia come una resistenza, se non passa corrente non cade tensione (legge di Ohm -> V=R*I , come promemoria do, ai mie più giovani allievi, da ricordare la frase "Viva la repubblica italiana", di cui considerare le sole iniziali), tra collettore e emettitore troverete la medesima tensione del generatore Vcc che sta alimentando questa maglia. In bibliografia questa tensione è indicata con Vce-o. Nota bene: quella "o" non è lo zero ma l'iniziale di OPEN, quindi si tratta della tensione di collettore-emettitore quando il terminale di controllo (la base) è lasciato aperto.
- Zona lineare -> è quella più complessa da gestire, almeno per un principiante. Si tratta di porre l'uscita Vce del transistor in un punto intermedio tra Vcc e la massa (in alimentazione singola). Nelle curve volt-amperometriche, dette trans caratteristiche di uscita, si identifica un punto sulle ascisse (asse orizzontale) che chiamiamo Vce-q e un punto sulle ordinate (asse verticale) che chiamiamo Ic-q. L'insieme dei due punti identificano le coordinate di un punto che normalmente nei testi è chiamato Q=(Vce-q,Ic-q) punto di lavoro oppure punto di riposo. Lo studio delle due maglie tramite le equazioni di Kirchhoff, più una terza relazione standard che è la definizione del guadagno in corrente Ic=hfe*Ib (hfe ce lo da il costruttore, oppure lo misuriamo inserendo il

componente nell'apposito zoccolo presente in quasi tutti i multimetri digitali, anche da pochi euro di valore, e ruotando il selettore nella voce hfe. Per esempio può comparire il numero 250 relativamente a un BJT tipo BC337). Queste tre equazioni danno luogo a un sistema di equazioni lineari (lineari significa che non ci sono incognite al quadrato o potenze superiori). Il transistor si polarizza (termine analogo al concetto di posizionare il punto di lavoro) in zona lineare quando si intende costruire un amplificatore audio o qualcosa di analogo.

Configurazione PNP e NPN.

Come sappiamo, l'accostamento di due cristalli di diverso drogaggio, uno P con drogante del terzo gruppo e uno N con drogante del quinto gruppo della tabella periodica degli elementi, tipicamente Arsenico e Gallio, vanno a formare il diodo a giunzione con anodo e catodo orientati come in figura:

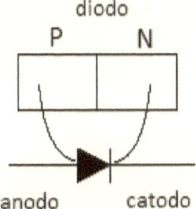

Pur non essendo semplicemente l'insieme di due diodi il transistor BJT è formato, come questo, da due giunzioni dove però spessori e intensità di drogaggio non sono casuali.

Ci sono due possibili casi con cui si presentano in sequenza i drogaggi dei tre cristalli che compongono il dispositivo:

Dalle schematizzazioni mostrate si potrebbe pensare che il transistor sia un componente simmetrico, ma ovviamente non è così, infatti spessori e intensità dei drogaggi sono tarati in fabbrica al fine di ottenere l'effetto transistor. Questo è il motivo per cui due diodi collegati catodo-catodo oppure anodo-anodo non implementano un BJT.

Il transistor ha tre terminali saldati ai cristalli che formano le giunzioni, questi sono identificati con il nome Emettitore, Base, collettore.

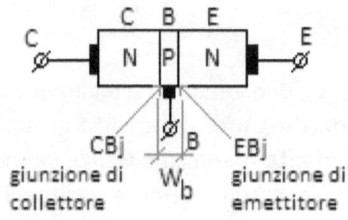 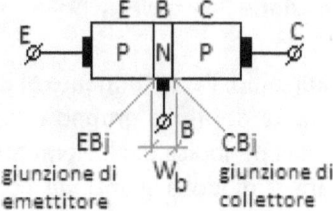

Dove vale la notazione:

- E = emettitore, emette cariche (con verso che dipende dalla polarizzazione)
- B = base, modula il flusso di cariche
- C = collettore, raccoglie le cariche
- Wb= larghezza del cristallo che va a comporre, interagendo con gli altri, la giunzione di base

Zone di lavoro del BJT.

Ricordiamo che una giunzione PN si dice polarizzata direttamente quando la tensione risulta maggiore all'anodo rispetto al catodo di almeno 0,7V. Tale tensione è nota con il nome di V-gamma (nei normali diodi a giunzione).

Segue una tabella che riassume il funzionamento del BJT in funzione della polarizzazione delle giunzioni, valida sia per il modello PNP che per NPN (è fondamentale conoscere questa tabella).

EBJ	CBJ	MODO DI FUNZIONAMENTO
Inversa	Inversa	Spento
Diretta	Diretta	Saturazione
Diretta	Inversa	Attiva diretta (amplificatore)
Inversa	Diretta	Attiva inversa (porte TTL)

Saturazione e interdizione.

Per quanto detto, i termini sovrastanti indicano nell'ordine interruttore chiuso e interruttore aperto. Dato che un transistor può essere pensato come un interruttore controllato in corrente sarà sufficiente trovare la corretta resistenza Ib, nella maglia di base, in funzione del valore della tensione del segnale di comando, che abbia come effetto il raggiungimento della minima tensione possibile tra i terminali di collettore ed emettitore, ovvero la Vce-sat pari a circa 0,2 volt.

Ecco uno schema di base.

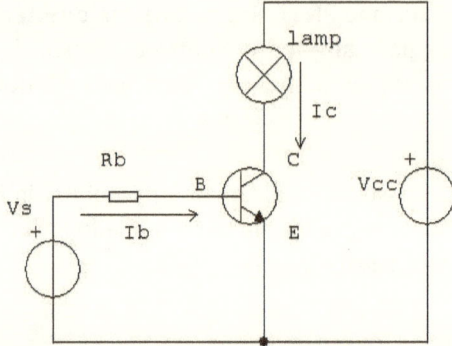

Come si procedere per fare saturare questo transistor? Ovvero come faccio a fare in modo che simuli il funzionamento di un interruttore? Devo fornire alla base un segnale di comando, per i transistor BJT è un segnale in <u>corrente</u>, dell'intensità opportuna. Per fissare la Ib è necessario conoscere la corrente massima di collettore del transistor Ic-max, e la corrente di base che la causa.

Presentiamo ora un metodo da principianti, ma risulta semplice e funzionale.

Per quanto riguarda il BJT complementare, ovvero PNP, i calcoli sono analoghi, ma i versi delle correnti risultano invertiti.
CONCETTO FONDAMENTALE AGGIUNTIVO: La freccetta nell'emettitore indica il verso reale della corrente che fluisce nel dispositivo.
Detto questo rimane fissato che la Ib è uscente dalla base del BJT di tipo PNP ed è entrante in quello NPN (vedi figura).

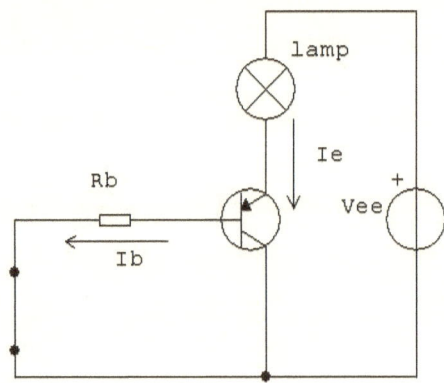

Come si vede facilmente dallo schema, la corrente di base risulta uscente mentre la corrente di emettitore entrante. Questa situazione è esattamente invertita rispetto alla versione NPN.

Facciamo la supposizione che il nostro circuito sia comandato con un livello Logico, ad esempio un bit proveniente da un microcontrollore. Vale quanto segue:

- NPN -> Bit di comando a 1 accende la lampadina
- PNP -> Bit di comando a 0 accende la lampadina

Lascio al lettore il semplice esercizio di ricalcolare la resistenza Rb per accendere la lampadina con un segnale di comando TTL (ovvero a 5V), proveniente da una uscita di un microprocessore o microcontrollore.

Caratteristiche tecniche del BJT usato.

Il transistor viene fornito dal costruttore accompagnato con una scheda tecnica (data book), in cui è contenuto il parametro di guadagno in corrente. Nella bibliografia corretta si chiama "Beta", ma bene si approssima a un parametro molto più comune noto come hfe. L'errore che si compie inter scambiandoli è minimo, soprattutto quando si vuole calcolare una rete di polarizzazione per la saturazione.

Se non possiedo questa informazione me la posso procurare facilmente semplicemente inserendo i terminali del BJT nell'apposito zoccolo di un qualsiasi tester. Mi comparirà un numero privo di unità di misura, ad esempio 250. Si tratta del rapporto tra la corrente di collettore e quella di base, quindi [A]/[A] comporta la semplificazione dell'unità di misura. Quindi -> Ic / Ib =hfe .

Prendiamo il numero letto sul display per hfe o il valore noto da data book, risolviamo la semplice equazione di primo grado, rovesciando le posizioni di hfe e Ib, si ottiene, per la corrente di saturazione di 1A del BC337 il seguente calcolo:

1[a] / 250 = 4 mA (valore da ricalcolare se hfe non fosse 250 come supposto).

Rimane da chiederleci quanto vale la resistenza Rb che garantisce la corrente di 4mA sulla maglia di base. Ovviamente dipenderà dal valore della tensione (supposta ora stazionaria) che costituisce il segnale di comando. Supponiamo che Vs sia pari a 12V. Il calcolo da impostare è l'equazione di Kirchhoff alla maglia di ingresso. Bisogna però sapere che la giunzione base-emettitore si comporta esattamente come un diodo polarizzato diretto, quindi farà cadere la tensione Vgamma, pari a 0,6V.

Ecco l'equazione:

Ib*Rb - Vbe - Vs = 0 (la somma delle tensioni in una maglia è uguale a zero).

Che risolta rispetto a Rb mi restituisce il valore cercato. Ovvero Rb=2850 Ohm. Questo è un valore non standard, quindi metterò quella resistenza commerciale che più si adatta. Ad esempio 2700 Ohm (rosso-viola-rosso).

Caratteristiche necessarie per avere effetto transistor.

Affinché la doppia giunzione si comporti da transistor è necessario si verifichi che la larghezza della base Wb sia molto minore di Lb, di cui stiamo per dare la definizione.

Inoltre i drogaggi non devono avere uguale concentrazione nei tre cristalli:

- Ne = drogaggio (concentrazione) in emettitore
- Nb = drogaggio alla base
- Nc = drogaggio al collettore

Per esserci amplificazione deve valere:

$$Ne \gg Nb (>Nc)$$

Definiamo con Lb il percorso medio che una carica maggioritaria riesce a percorre nel cristallo prima di ricombinarsi. Se la larghezza della base Wb è minore della lunghezza Lb allora le cariche possono attraversare la giunzione senza ricombinarsi completamente. All'interno del transistor vi sono correnti sia di elettroni che di lacune. Lo scopo principale di un transistor è di fornire una grande I_c in funzione di una piccola I_b, e da questo concetto si possono ottenere svariate combinazioni di funzionamento.

In sostanza il componente risulta sempre (NELLE NORMALI APPLICAZIONI) essere l'anello di congiunzione tra due maglie, ed avendo tre terminali queste due avranno in comune uno dei tre. Siamo ora in grado di distinguere le configurazioni:

- Base comune = il terminale in comune per le due maglie è la base
- Emettitore comune = il terminale comune per due maglie è l'emettitore
- Collettore comune = il terminale in comune alle due maglie è il collettore

Per ottenere un amplificatore si deve fare lavorare il transistor in zona attiva diretta.

Per ottenere un interruttore elettronico controllato lo si fa lavorare in saturazione (interruttore chiuso) e in interdizione (interruttore aperto).

Definizione di guadagno statico.

Il costruttore fornisce il parametro B che ha due possibili forme:

- B_F = "F" guadagno statico in corrente.
- B_f = "f" guadagno dinamico in corrente (oppure B° per non confondere i simboli)

Essendo un rapporto tra due correnti risulta semplificata l'unità di misura quindi si tratta di un numero puro spesso indicato con hfe.

$$\beta_f = \frac{I_c}{I_b}$$

E' quindi possibile trovare un legame tra la corrente di ingresso e la corrente di uscita del transistor.

Di norma la corrente di ingresso è la corrente di comando mentre la corrente di collettore pilota il carico.

E' essenziale sapere che il transistor non è un componente lineare quindi non è applicabile direttamente la legge di Ohm. Con alcuni accorgimenti è possibile linearizzare il componente, questo consente di eseguire uno studio del circuito con il metodo di Kirchhoff o il teorema di Thevènen.

Modello ai grandi segnali (linearizzazione)

Nell'immagine vediamo il modello linearizzato del BJT NPN quando utilizzato in maniera statica, ovvero con segnali di input costanti (stazionari) detti "grandi segnali".
".

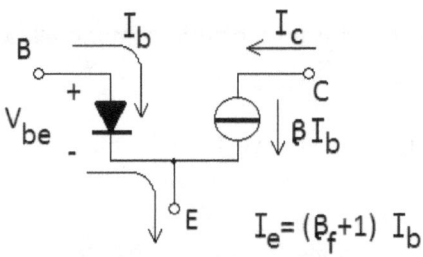

Essendo la giunzione BE polarizzata direttamente si ha:

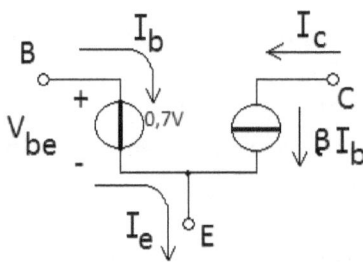

In questa ulteriore rappresentazione si è sostituito il diodo equivalente nella giunzione Base-Emettitore con un equivalente generatore di tensione costante pari alla V-Gamma di questo diodo. Chiameremo questa tensione Vbe.

Simbologia

I simboli grafici del componente sono di certo noti, possono avere o meno il "cerchietto" attorno a seconda che il case metallico sia o no connesso a uno dei terminali. Quando non lo è, o il contenitore è plastico come molto spesso avviene, oppure il simbolo è semplicemente quello che vediamo nell'immagine:

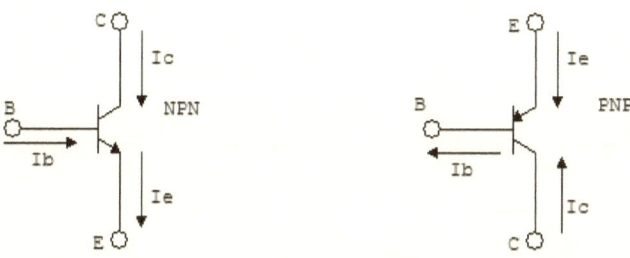

ATTENZIONE: come per il diodo a giunzione, una volta polarizzate direttamente le giunzioni EBj e CBj è necessario impostare il valore della corrente che le attraversa con delle resistenze poste in serie.

La rete resistiva di "polarizzazione" posta attorno al transistor la pone in uno dei 4 tipi di funzionamento spiegati nella precedente tabella di polarizzazione.

Fondamentale:

Il transistor bipolare è un componente che funziona in corrente, un tentativo di pilotarlo in tensione, ovvero senza la dovuta rete di polarizzazione resistiva, a volte limitata anche alla sola resistenza di base se il carico funge anche da resistenza polarizzante, comporta l'immediata distruzione del componente.

Configurazione del circuito con BJT (EC).

Quando si inserisce un transistor in un circuito esso si troverà posto nel lato comune di due maglie.

La maglia di ingresso, alla quale si applica il segnale pilotante, e la maglia di uscita dalla quale preleviamo il segnale amplificato.

Il terminale che si trova in entrambe le maglie determina la configurazione del circuito, a emettitore comune, base comune, collettore comune.

Ad esempio, lo schema sotto riportato è una configurazione ad emettitore comune.

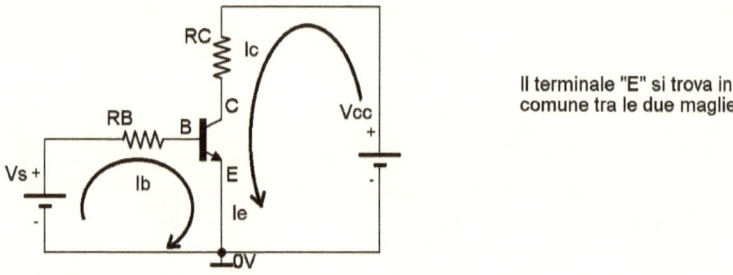

Il terminale "E" si trova in comune tra le due maglie

Caratteristica di uscita del BJT.

La caratteristica di un BJT è data dall'insieme di due grafici che contengono varie curve, mentre quella di ingresso ricorda grossomodo la caratteristica volt amperometrica di un diodo polarizzato in diretto (il positivo al terminale di anodo), il grafico delle curve caratteristiche di uscita sono ben più complesse come vediamo nell'immagine.

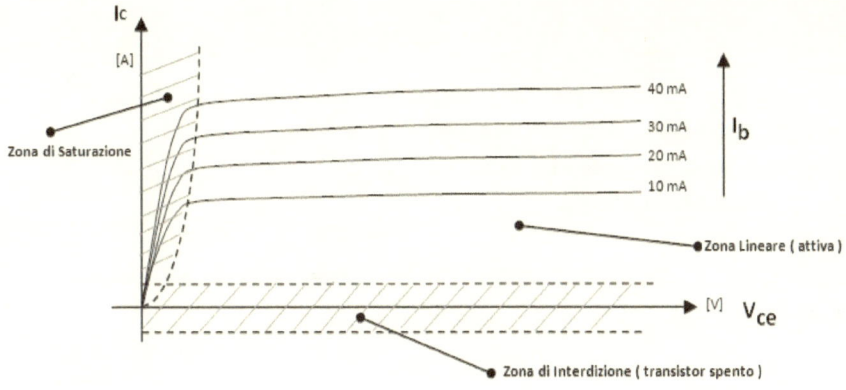

Consideriamo il transistor NPN, se polarizziamo direttamente la base compare tra Be E ovvero ai capi di BEj, una tensione che è pari a V-gamma di un diodo al silicio "acceso" (si intende polarizzato diretto), quindi 0,7V.

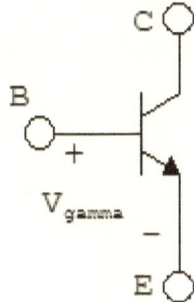

Nello schema precedente un aumento di Ib non comporta un aumento della Vbe che rimane costante a Vgamma pari a 0,7 Volt ma si ha un abbassamento della caduta in inverso nella giunzione CEj quindi controllo una tensione sulla resistenza di carico Rc, (di conseguenza la corrente di carico Rc) agendo su un piccolo segnale di ingresso (effetto transistor).

Le correnti di dispersione.

L'argomento qui trattato è molto importante per la stabilità dei circuiti ma dal punto di vista concreto per molte applicazioni risulta trascurabile, ad esempio quando si usa il componente come interruttore, in modalità on/off ovvero in saturazione o in interdizione e nei cambi di stato.

Sarà specificato, o sottointeso per esperienza, quando sono trascurate le correnti di dispersione nelle formule che applicheremo.

Queste sono:

- I_{CEO} = La corrente che vediamo passare tra collettore ed emettitore quando la base è scollegata (O=open).
- I_{CBO} = La corrente che vediamo scorrerà tra collettore e base con l'emettitore aperto.

Entrambi questi parametri entrano in gioco nel calcolo del guadagno statico di corrente.

Alfa=h_{fb}=(I_c-I_{cbo})/I_e

Beta=h_{fe}=(alfa)/(1-alfa)=(I_c-I_{ceo})/I_b

Le correnti di dispersione generate termicamente sono

$$Iceo=(B+1)*Icbo$$

La costante indicata con la lettera greca alfa risulta essere minore di 1 esprime la proporzione tra i portatori di maggioranza di carica, che sono gli elettroni nel tipo NPN e le lacune nel tipo PNP, che vengono iniettati nella base dall'emettitore e che si ricombinano verso il collettore.

Per quanto riguarda l'influenza delle correnti di dispersione nei tre parametri normalmente usati valgono le seguenti equazioni:

- I_c=B*I_B+(B+1)*I_{CBO}
- I_B=[I_E/(B+1)]-I_{CBO}
- I_E=[(B+1)/B]*(I_c-I_{CBO})

Per quanto riguarda l'effetto sulle caratteristiche di uscita del grafico del capoverso precedente, si potrà notare, facendo opportune misurazioni, che la circa a I_B=0 , non risulta parallela e sovrapposta all'asse delle ascisse ovvero all'asse V_{CE} orizzontale ma leggermente inclinata verso l'alto (come vedremo a causa dell'effetto early) e discostata di un valore I_{CBO} sia proporzionale al valore V_{CE}, quindi aumenta leggermente spostandosi verso destra, che derivando con la temperatura.

I_{CBO} mostra mediamente un raddoppio ad ogni aumento della temperatura di 10 gradi, si ha quindi una conseguente variazione di $B_{statico}$

generalmente chiamato B_F di ben 1% per grado centigrado di aumento della temperatura delle giunzioni.

In definitiva la variazione di B con la temperatura può essere così ampia da superare anche il 200%.

La retta di carico

Consideriamo il grafico delle caratteristiche di uscita, posto il punto Ic(max) fornito nella documentazione del costruttore del BJT, di un transistor collegato alla sua rete di polarizzazione, che si trova nella zona di saturazione in ordinata, e posto il valore di Vce ottenuto con il medesimo circuito di polarizzazione nella zona di interdizione, in ascissa, uniti tramite una funzione Y=-m(x)+Q tracciata per due punti, usando la teoria spiegata a questo link:

http://www.ripmat.it/mate/d/dc/dcee.html

Ovvero: considerando i due punti P1=Vce(sat), Ic(max) e P2=Vceo, Iczero il primo situato sull'asse verticale (ordinata) e il secondo sull'asse orizzontale (ascissa)

Si traccia la retta tra questi due punti ovvero:

$$\left(\frac{Y - I_{c\,max}}{I_{cv} - I_{c\,max}} \right) = \left(\frac{X - V_{ce\,sat}}{V_{cev} - V_{ce\,sat}} \right)$$

si ottiene la retta di carico.

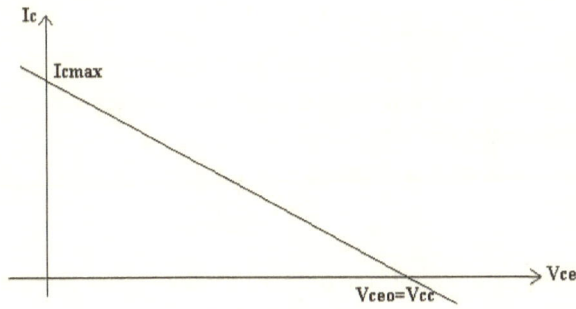

131

Tramite la Rb si imposta un valore di Ib determinando una delle curve che intersecano la retta di carico. Si identifica quindi un particolare punto generalmente indicato in bibliografia con "Q".

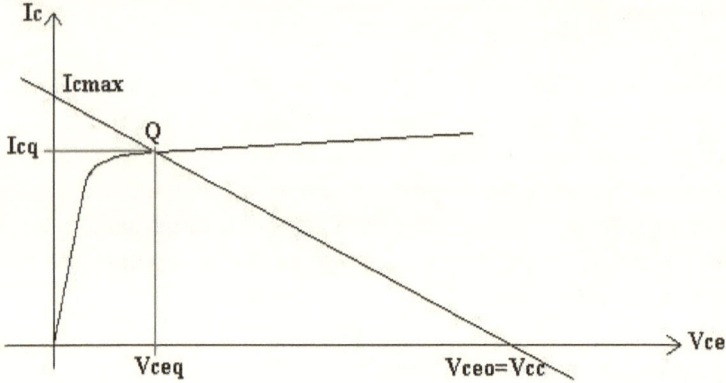

Il punto Q identifica sulle ordinate il valore della corrente di polarizzazione alle specifiche condizioni di polarizzazione e in ascissa il valore della tensione residua tra il terminale di collettore e quello di emettitore rispetto alla maglia di uscita in cui è connesso il generatore Vcc supposto unipolare con il negativo verso l'emettitore nello schema precedentemente disegnato.

In bibliografia "Q" è indicato come "punto di lavoro" o anche "punto di riposo" del transistor ottenuto con particolari condizioni di polarizzazione.

Genericamente il punto di lavoro si calcola impostando un sistema di equazioni in cui compare:

- L'equazione della maglia di ingresso che solitamente fissa I_b
- Il legame tra la corrente di base e quella di collettore identificata tramite il guadagno statico
- L'equazione della maglia di uscita che solitamente fissa Ic oppure Vce

La soluzione di questo sistema porta al definire il valore delle variabili Vce e Ic alle particolari condizioni di polarizzazione dipendenti dai valori delle resistenze scelte connesse direttamente ai morsetti del dispositivo, ovvero indentifica il punto di lavoro Q=(Vceq,Icq)

Nella prossima pubblicazione "Beginner BJT ai piccoli segnali" scopriremo che la retta di carico statica, qui presentata, <u>non coincide</u> con la retta di carico dinamica dato che sono i diversi i parametri che portano a tracciarla.

Polarizzazione con 4 resistenze.

Introduciamo la polarizzazione con 4 resistenze mostrando lo svolgimento dell'esercizio che segue. Si tratta di una configurazione molto ricorrente, ovvero della presenza di due resistenze formanti una sorta di partitore (non trattabile con le stesse formule del partitore di tensione), una resistenza attraversata dalla sola corrente di collettore Rc, e una resistenza attraversata dalla somma della corrente di collettore e della corrente di base Re.

La situazione circuitale è quella dell'immagine:

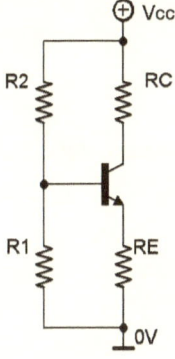

I dati del problema sono: per il BJT:

- Vbe=0,7V
- BF =80
- Vcesat=0,2V

Per il circuito sono:

- Vcc=12V
- R1=R2=50k
- Re=1k

Si ipotizzi il BJT operante in zona attiva diretta e in tal senso se ne verifichino le condizioni di lavoro.

Domande: Determinare Rc in modo che il BJT sia in zona attiva diretta con una potenza max dissipata pari a 20mWatt.

Soluzione: Per arrivare agevolmente alla soluzione del problema si cerchi di ricavare uno schema equivalente <u>ma privo di retroazione.</u>

Tagliando le connessioni tra R2 e Rc ottengo uno schema equivalente a patto che si applichi a entrambi i nuovi terminali la medesima tensione Vcc.

La situazione diventa:

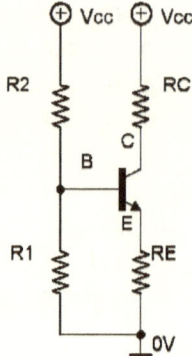

Così facendo si è eliminata la retrazione e si può ridisegnare il medesimo schema come se alla maglia di ingrasso esistesse un generatore di segnale di valore pari a Vcc.

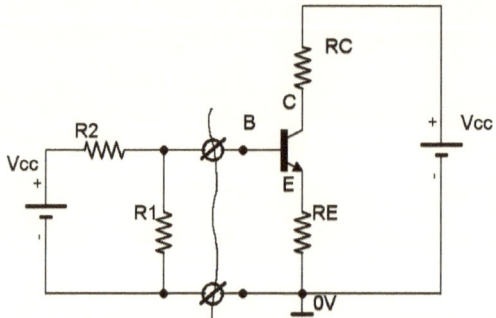

Applicando il teorema di Thevènin ai morsetti di input (stacco il carico ovvero lo schema a monte dei morsetti), ottengo:

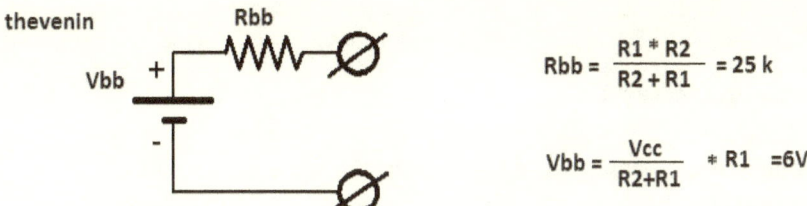

thevenin

$$Rbb = \frac{R1 * R2}{R2 + R1} = 25 \, k$$

$$Vbb = \frac{Vcc}{R2+R1} * R1 = 6V$$

Si può quindi disegnare il circuito equivalente secondo Thevènin che vediamo nell'immagine:

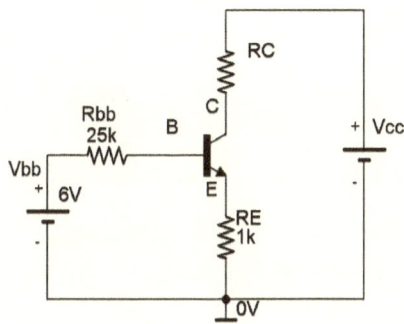

Nel circuito così ottenuto inserisco il modello lineare del BJT supposto che stia lavorando in zona attiva diretta (che equivale a poter sostituire la giunzione base-emettitore con un diodo polarizzato diretto e quindi un generatore ideale di tensione pari a Vgamma, pari a 0,7 v.

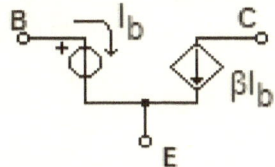

Modello ai grandi segnali

Si ottiene il circuito equivalente linearizzato che vediamo qui sotto, in cui è avvenuta la sostituzione del BJT con il suo modello lineare ai grandi segnali, valido per il componente NPN:

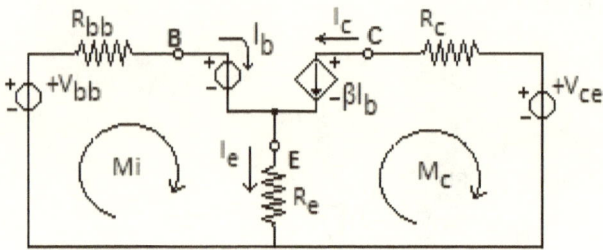

Per determinare i versi delle correnti si imposta il sistema:

$$\begin{cases} i_E = i_B + i_C \\ i_C = \beta_F i_B \end{cases}$$

Eseguiamo ora la legge di Kirchhoff al nodo sul terminale di emettitore

$$I_e = I_b + I_c$$

dalla relazione esistente tra la corrente di base e quella di collettore Ic = BF * Ib si ricava Ie = Ib + BF* Ic da cui raccogliendo Ib si ottiene:

$$Ie = Ib *(1+BF)$$

La corrente sulla maglia M1+è data dall'equazione di Kirchhoff (seconda legge).

$$IbRbb + Vbe + IERe - Vbb$$

Sostituendo il valore trovato di Ie nell'equazione IbRb +Vbe +Ib(1+BF) - Vbb=0

Sapendo che la giunzione Base-Emettitore risulta equivalente a un diodo quando polarizzata direttamente, si arriva all'equazione:

$$IbRb + 0,7 \text{ Volt} + Ib(1+BF) - Vbb = 0$$

L'unica incognita è la corrente di Base visto che il parametro BF è dato dal costruttore e in questo caso vale 80.
Ricavo Ib.

$$I_B \left(R_B + R_E(\beta_f + 1) \right) = V_{BB} - 0,7$$

$$I_B = \frac{V_{BB} - 0,7}{R_{BB} + R_E(\beta_f + 1)}$$

$$I_B = \frac{6 - 0,7}{R_{BB} + R_E(\beta_f + 1)} = 50 \ \mu A = 50 * 10^{-6} \ A = 0,05 \ mA$$

Ora verifichiamo la maglia di uscita

$$I_C R_C + \beta_F I_B + I_E R_E - V_{CC} = 0$$

Le incognite sono Vce e Rc

Bisognerà impostare un sistema con una seconda equazione relativa alle potenze per ricavare la seconda incognita.

$$P_{dissipata} = V_{BE} I_B + V_{CE} I_C \leq 20 \text{ mW}$$

Il sistema risolvente è:

$$\begin{cases} I_C R_C + \beta_F I_B + I_E R_E - V_{CC} = 0 \\ V_{BE} I_B + V_{CE} I_C \leq 20 \text{ mW} \end{cases}$$

Compaiono due equazioni e due incognite quindi per il teorema di Rouchè Capelli ammette (esiste) una soluzione.

Risolvendo per sostituzione di variabile si ottiene:

$$V_{CE} \leq \frac{-V_{BE} I_B + 20 \, mV}{I_C}$$

Ricordando che vale Ic=B*Ib

e che inoltre vale Vbe = 0,7 volt con la giunzione polarizzata direttamente.

Sostituendo si ha:

$$V_{CE} \leq \frac{-0,7 \, V * 50 * 10^{-6} A + 20 * 10^{-3} V}{60 * 50 * 10^{-6} A}$$

da cui, svolgendo semplici calcoli e passaggi, si ottiene:

$$V_{CE} \leq 4,99 \, Volt$$

In conclusione, essendo questo valore maggiore del valore tipico di saturazione (0,2V), possiamo affermare che il BJT sta lavorando in zona attiva diretta.

Ora ricaviamo la seconda variabile ovvero la Rc.

$$I_C R_C = V_{CC} - 4,99 - I_E R_E \qquad I_E = I_B * (1 + \beta) = 80 * 10^{-6} * 81$$

$$R_C = \frac{V_{CC} - 4,99 - I_E R_E}{I_C} \qquad I_C = \beta I_B = 80 * 80 * 10^{-6}$$

$$R_C = \frac{12 - 4,99 - (50 * 10^{-6} * 81) * 1000\Omega}{80 * 50 * 10^{-6} A} = 750 \, \Omega$$

Possiamo completare lo schema elettrico iniziale con i valori resistivi della rete di polarizzazione calcolati.

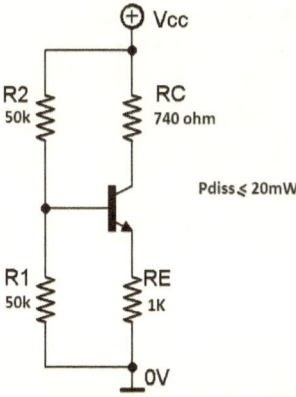

Secondo esempio di polarizzazione con 5 resistenze

Vediamo un esempio analogo al precedente in cui cambia la topologia della rete, si alimenta con una tensione duale e viene inserita la resistenza R5 che ripartisce assieme alla resistenza R4 la tensione presente al terminal di emettitore.

La tensione duale è simmetrica, quindi vale Vcc= Vee= 5Volt ma con le polarità classiche avremo sotto R4 il polo negativo del generatore Vee e quindi percepiremo una tensione (pseudo) negativa pari a -Vee.

Lo schema è questo:

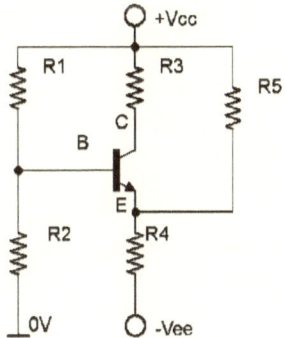

I dati del problema sono:

- Vcc = Vee = 5V
- R1 = R2 50k
- R3 = 1k
- R4 =10k
- R5 =2k
- Vbe = 0,7V
- BF = 100
- Vce(sat) = 0,2V

Determinare la zona di lavoro del BJT.

Soluzione: Si deve cercare di rappresentare il circuito in maniera più semplice, senza retroazioni. A tal fine sfruttiamo l'equi potenzialità delle tensioni ai morsetti di R1 e R3, quindi tagliamo virtualmente il la loro connessione e ripristiniamo (virtualmente) le alimentazioni con due generatori identici e pari a +Vcc, in sostanza al circuito originale non abbiamo fatto nulla.

La situazione per la maglia di ingresso è visibile nell'immagini a cui applichiamo anche il teorema di Thévenin.

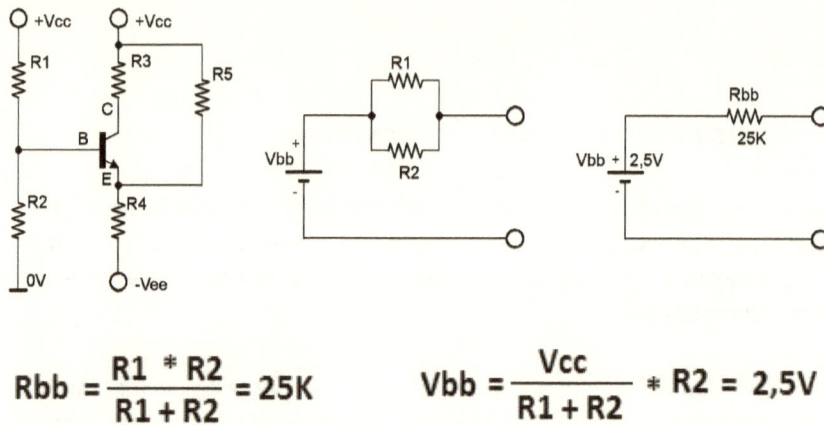

$$Rbb = \frac{R1 * R2}{R1 + R2} = 25K \qquad Vbb = \frac{Vcc}{R1 + R2} * R2 = 2,5V$$

Vediamo come analizzare la maglia di uscita.

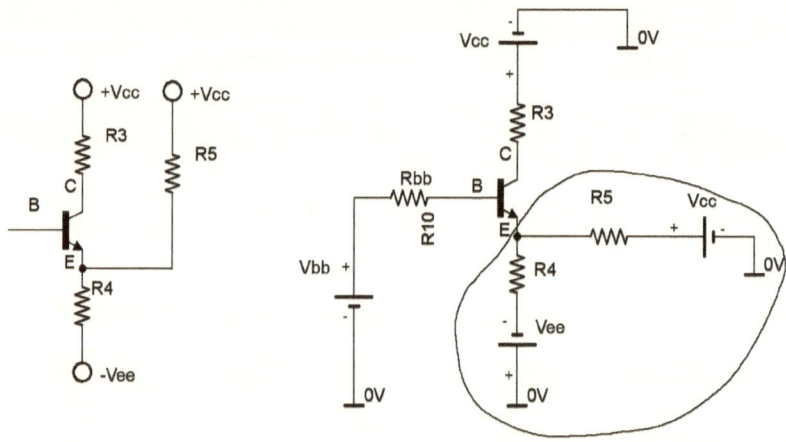

Applico il principio di sovrapposizione degli effetti, operiamo innanzi tutto cercando di capire come si sono ricavati i generatori di tensione ai rami di emettitore con le corrette polarità.

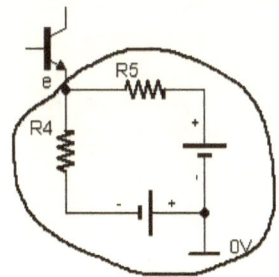

Annullo il generatore su R4 e faccio agire sollo quello su R5 trovando il primo effetto:

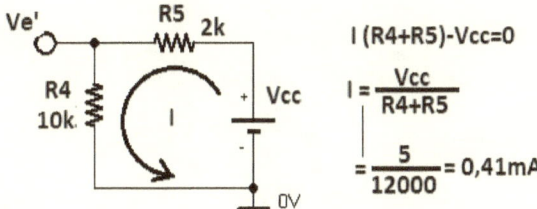

$$I(R4+R5)-Vcc=0$$

$$I = \frac{Vcc}{R4+R5}$$

$$= \frac{5}{12000} = 0,41mA$$

Nota la corrente si trova la tensione Ve' moltiplicandola per R4 dato che è riferita alla massa.

Ve' = I * R4 = 0,41mA*10k= 4,1V

L'effetto del secondo generatore è il seguente.

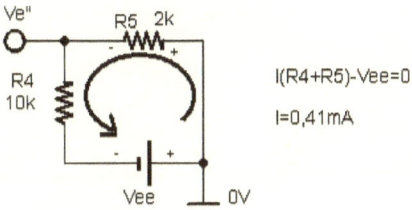

$$I(R4+R5)-Vee=0$$

$$I=0,41mA$$

In questo caso la tensione Ve" alla porta vale:

Ve"= I*R4-Vee= (0,41*10^-3*10000)-5=-0,9V

La somma algebrica vale:

Ve=Ve'+Ve''

Quindi: Ve=4,1-0,9 =3,2V

La resistenza equivalente alla porta vale invece R5//R4 calcolando si ha:

Req=R5//R4= (10k*2k)/(10k+2k)

Req=1k66 ohm

Ridisegniamo lo schema sostituendo i nuovi parametri appena calcolati

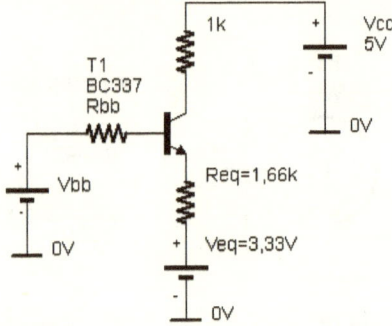

Ora applichiamo una regola che ci permette di spostare i generatori a monte o a valle di un nodo.

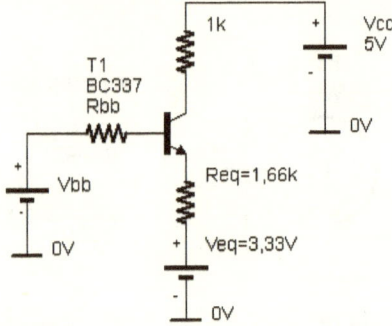

Equivale a:

Con generatori prima e dopo dello spostamento dello stesso valore.

Con questa tecnica sono in grado di togliere il generatore dall'emettitore "distribuendolo" sulla maglia di base e di collettore.

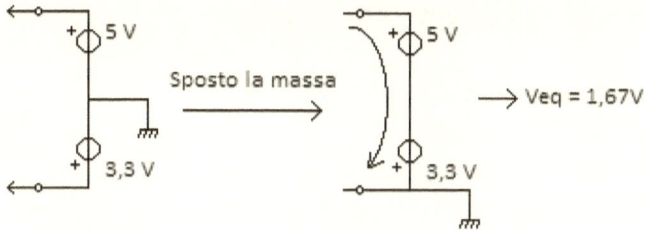

In definitiva si ottiene il sovrastante schema in cui si identificano:

- Mi = Maglia di ingresso
- Mo = Maglia di uscita

Cominciamo con la maglia di ingresso.

$$Ib*Rbb+Vbe+Ie*1,66k+3,33v-2,5v=0$$

Si ricorda che vale Ie=Ib+Beta*Ib=Ib*(1+Beta)

Supponendo che il transistor si trovi nella sua zona attiva diretta in cui Ic=Beta*Ib

$$Ib*Rbb+0,7+Ib*101*1k66+0,83=0$$

Raccogliendo a fattore comune.

$$Ib*(25k+101*1k66)+0,7+0,83=0$$

Si ottiene un risultato di corrente di base con segno negativo

$$Ib= (-0,7-0,83)/192660$$

da cui Ib=-8uA (circa)

Questi otto micro ampere negativi in base sono incompatibili con la condizione di zona attiva diretta che comporta una corrente di base positiva.

Procediamo al controllo della maglia di uscita.

Ic*1k+Vce+IeRqe-1,67V=0

Sostituisco Ic=B(beta)*Ib (ricordo che Beta è circa hfe)

Rimane come incognita Vce, e poi risolvo il sistema.

Vce=1,67V-IReq-Ic*1k

Dato che Ie=Ib*(B+1)

Con Ib calcolato precedentemente Ib=8uA

Ic=B*Ib = 100 * 8 *10^(-6) = 0,0008A

Vce = 1,67 - 0,0008*1660-0,0008*1000

Vce=1,67 - 0,0008*1660-0,8

si ricava

Vce = -0,458 Volt

Il valore trovato è assurdo, infatti la Vce può scendere al massimo a 0,2V in condizione di saturazione (per il BJT NPN). Quindi l'ipotesi di zona attiva diretta non è comprovata dalla situazione circuitale ovvero dalla specifica rete di polarizzazione e sistema di segnali e alimentazioni.

Ipotizziamo ora che il BJT sia in interdizione.

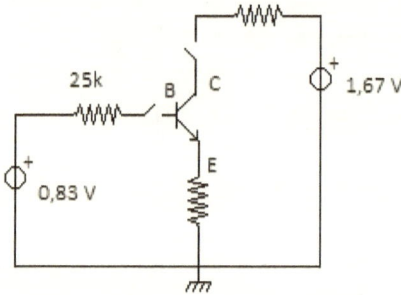

Ve=0 Vb=-0,8V Vc=1,67V

Togliendo virtualmente il BJT e misurando le tensioni dei terminali liberi rispetto alla massa.

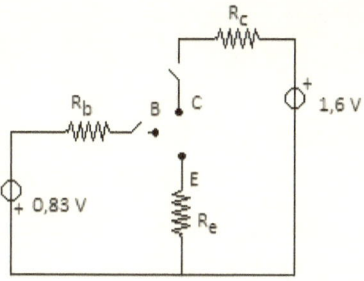

Vce=1,67
Vbe=-0,83

La situazione rispetto ai generatori equivalenti è:

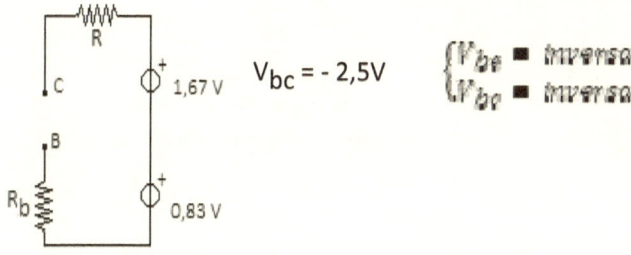

$V_{bc} = -2,5V$

$$\begin{cases} V_{be} \blacksquare \text{ inversa} \\ V_{bc} \blacksquare \text{ inversa} \end{cases}$$

La particolare situazione di polarizzazione indica che il BJT è interdetto. Rifacciamo ora le stesse prove ma sostituendo la resistenza R2 con una da 330K.

Si vedrà che il BJT passa in zona attiva diretta.

Il BJT come interruttore controllato.

E' noto in elettronica digitale che un circuito logico TTL fornisce dei segnali di comando non adatti a pilotare carichi quali motori o lampadine nonché bobine di relè.

I BJT sono usati per creare dei validi circuiti d'interfaccia tra due mondi a bassa e più alta potenza.

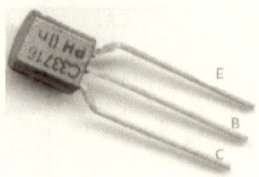

Il BC337 è un BJT NPN in grado di sopportare una Icmax=1A (garantito 0,8 in alcuni data book) e con un Bmax = 350

$$\begin{cases} I_{c\,max} = \beta_f I_b \\ I_b R_B + V_{BE} - V_{TTL} = 0 \end{cases}$$

Ovviamente per motore si intende un piccolo attuatore per asservimenti dato che la corrente massima di collettore di questo BJT è piuttosto modesta, ma concettualmente parlando sarà possibile riportare i concetti esposti a BJT e a motori o carichi di taglia più robusta.

Genericamente parlando, in caso di robusti carichi induttivi, pilotati ON/OFF, è bene pilotare con il BJT la bobina di un relè o di un teleruttore.

Ricordiamoci inoltre che è bene proteggere le giunzioni con dei diodi a commutazione veloce e portata sufficiente rispetto alle extra correnti induttive che si generano a causa delle tensioni inverse in fase di apertura. (Diodi di ricircolo).

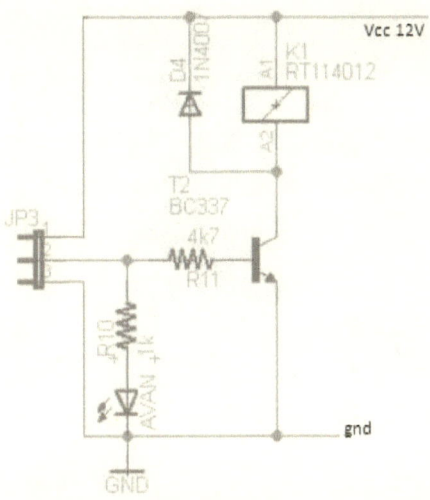

Il diodo di ricircolo rappresentato nel semplice schema (interfaccia di potenza per segnali TTL) sopra indicato, dipenderà dal tipo di relè impiegato, ovvero dalla sua bobina. Ottime soluzioni sono i diodi 1N5822, per extra correnti stimate attorno all'ampere e mezzo (attenzione che non coincidono direttamente con la corrente circolante sul carico, difatti prima interviene il diodo, inteso a tensione di innesco, minore sarà la scarica in ampere), il diodo 1N5825 per tensioni di circa 40V e correnti di scarica sino a 3A.

Sono funzionali anche altri tipi di diodo come ad esempio P600K (molto robusto) oppure FR303, è comunque fondamentale proteggere le giunzioni con questi ricircoli quando si usano i BJT in applicazioni di questo tipo.

Vediamo rapidamente alcuni esempi in cui si distingue a colpo d'occhio la presenza dei diodi di ricircolo:

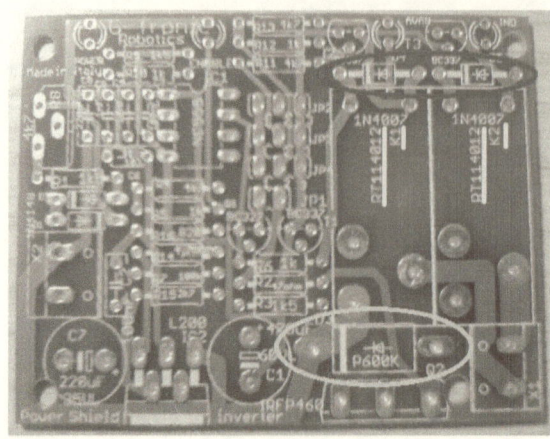

Nel circuito sovrastante, presentato nel capitolo 15 del tutorial online "Let's GO PIC!!!" sono evidenziati i due punti in cui è essenziale eseguire un ricircolo delle extra correnti induttive:

I due diodi più piccoli servono al ricircolo delle extra correnti dovute all'apertura del comando delle bobine dei dure relè (indicati in giallo K1 e K2). Le extra correnti sono presenti ma comunque modeste quindi andranno bene i diodi 1N5822. In questo punto del circuito abbiamo dei segnali lenti e stabili, quindi degli eventi rari di on/off, così che saremo autorizzati a sostituire quei diodi anche con dei semplici 1N4004. Nela foto sono cerchiati in rosso.

Il ricircolo più importante deve essere invece svolto come protezione delle giunzioni dell'elemento attivo di potenza comandato in PWM. E' stato cerchiato in rosa questo diodo di particolare potenza che potrà essere sostituito con un FR303 o uno adatto all'applicazione in svolgimento a partire con la ricerca fatta con questo nome nei databook e spostandosi ai modelli leggermente superiori o inferiori.

In analogia a quanto mostrato sopra vediamo in anteprima il nuovo progetto del gruppo G-Tronic Robotics che verrà presentato a breve con un apposito articolo.

Anticipiamo che si tratta di un controllo intelligente multicanale per attuatori D.C. a eccitazione serie e magnete permanente, anche se avendo il Bus del microcontroller aperto potrà interfacciarsi a altri minishield per pilotare ad esempio elettrovalvole e motori stepper.

In giallo sono cerchiati i diodi di ricircolo di protezione dei BJT di comando delle bobine dei relè, mentre in rosa sono evidenziati quelli di protezione di ogni singolo contatto dei due ponti H integrati.

Le frecce rosse indicano invece i diodi di protezione (nascosti nell'immagine) degli elementi attivi controllati in PWM.

Vediamo un esempio molto semplice ma di grande utilità.

Il circuito sotto riportato rappresenta il "minishield uscite di potenza" appositamente studiato per interfacciare la Micro-GT mini del corso "Let's GO PIC!!!". La configurazione circuitale è semplice ed essenziale.

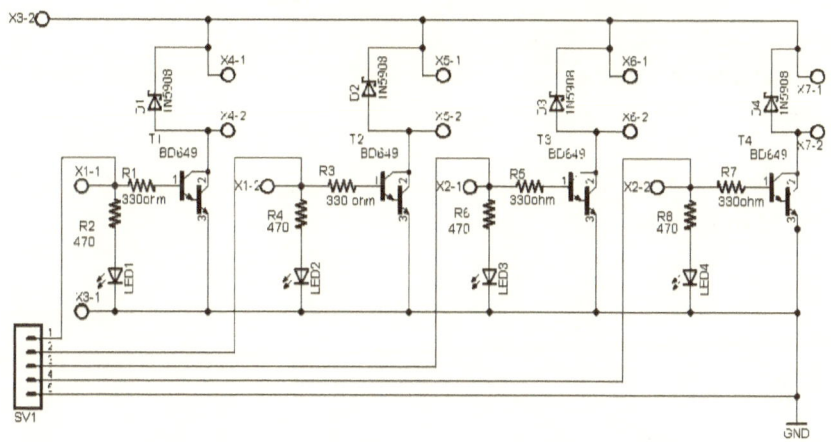

I TIP122 sono rappresentati nello schema come normali BJT ma si tratta in realtà di transistor in connessione Darlington piuttosto potenti che permetteranno di interfacciare al Microcontrollore della Micro-GT mini ben 4 Motori con circuito di indotto a spazzole e collettore e circuito di eccitazione a magnete permanente. Questi motori potranno avere una corrente di spunto di ben 8A e una corrente di assorbimento continua di circa 5A.

Ai morsetti indicati con X1-1, X1-2,X2-1,X2,2 giunge il segnale proveniente dal PORT di uscita del microprocessore o microcontrollore, genericamente a livello TTL. Tra poco vedremo che la configurazione <u>Darlington</u> comprende in realtà due BJT che potranno essere omologhi (configurazione tipica) o anche complementari, ma solitamente integrati all'interno dello stesso contenitore (housing).

Il guadagno risulta essere il prodotto delle due Bf (parametro genericamente conosciuto come hfe) per cui il componente è in grado di gestire elevate potenze per mantenendo una buona sensibilità in ingresso.

Si presenteranno esternamente con i medesimi tre terminali B,C,E nella tipologia con housing TO220.

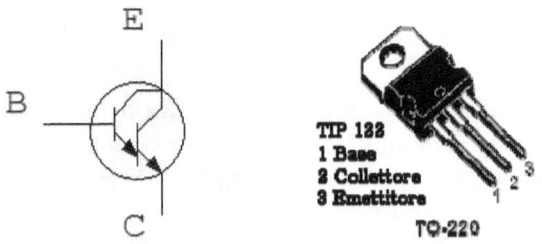

La saturazione dei Darlington di questo minishield avviene con circa 10mA in base.

La resistenza in base, che comporta la saturazione, è di circa 220 ohm, ovvero R1, R3, R5, R7.

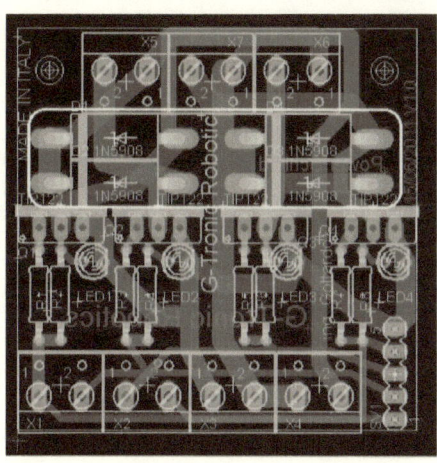

Nel circuito stampato di questo minishield vediamo i quattro diodi di ricircolo abbinati ai singoli canali di potenza.

Ovviamente se dovessimo pilotare dei carichi resistivi, o degli illuminatori a LED potremmo anche non montare queste protezioni.

I ponti H.

Le configurazioni didattiche dei ponti H risultano senz'altro funzionali, ma da adoperarsi con cautela perché soggette a problematiche varie, quali, surriscaldamenti degli elementi "in alto" della configurazione a ponte, e corto circuito degli elementi (gambe dell'inverter) in caso di errata manovra da parte del sistema di controllo.

Di sicuro questi circuiti <u>didattici</u> vengono prodotti privi di diodi di ricircolo, ma è possibile ovviare a questa mancanza esternamente sia collegando i diodi "volanti" a livello della morsettiera che abbinando al circuito questa semplice soluzione di PCB a singola faccia:

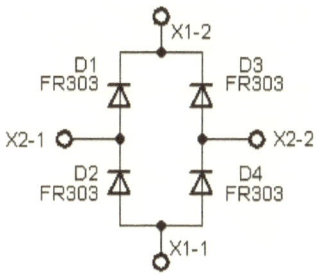

Schema elettrico soluzione circuitale diodi di ricircolo per ponti H
sprovvisti

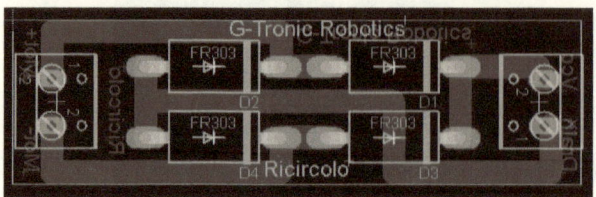

Se vogliamo collegare i diodi esternamente al circuito, come nel caso del prossimo semplice PCB, che personalmente uso spesso sia come ponte H che come minishield a due canali (montando solo due transistor NPN oppure PNP a seconda dell'utilizzo finale).

Come chiaramente detto questa non è la configurazione a ponte ottimale, ma forse è la migliore per cominciare a affrontarne lo studio evidenziando, anche matematicamente, i difetti e i pregi. Ovviamente esistono varie soluzioni "integrate" ma che non centrano in questo momento che stiamo studiando i BJT.

Saranno proprio i difetti sopracitati di questo tipo di ponte H che ci introdurrà molti argomenti di studio.

Qualche riga più sotto verrà anche presentata una modalità di utilizzo del PCB come minishield per Micro-GT, ovvero la trasformazione di questo circuito a ponte in una semplice ma funzionale interfaccia di potenza a due canali in grado di pilotare con i segnali provenienti dal PIC relè, teleruttori, o anche due motori DC di discreta stazza sia in semplice marcia/arresto che in controllo di velocità PWM.

La dimostrazione della funzionalità del ponte H presentato (ripeto non ottimizzata, ovvero se vogliamo realizzare un ponte H è meglio non fare semplicemente così, ma almeno usare elementi PNP sopra e NPN sotto, con altre soluzioni di protezione) è visibile nella foto e nel video scaricabile ed eseguibile con quickTime.

Ecco la realizzazione su circuito stampato con Eagle in materiale FR4 dual layer.

Lo schema elettrico di questa semplice configurazione a ponte, didattica e non protetta, è il seguente.

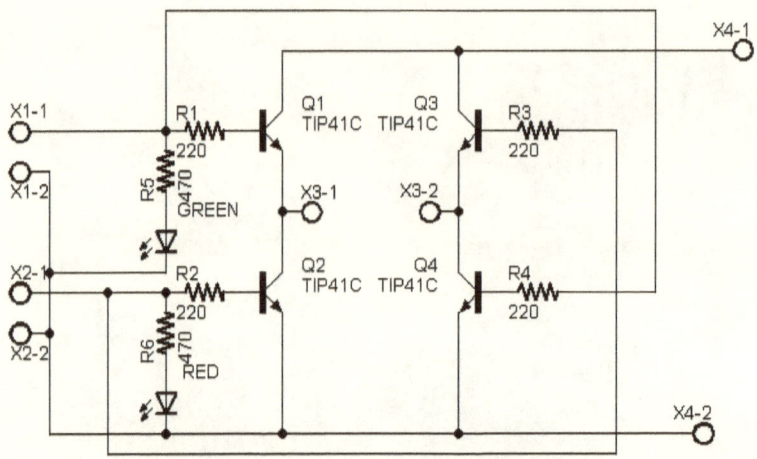

Vediamo nell'immagine successiva come collegare i diodi di ricircolo esterni a questo circuito, mostriamo prima il layout componenti e lo sbroglio fatto in Eagle e poi la connessione dei diodi di ricircolo.

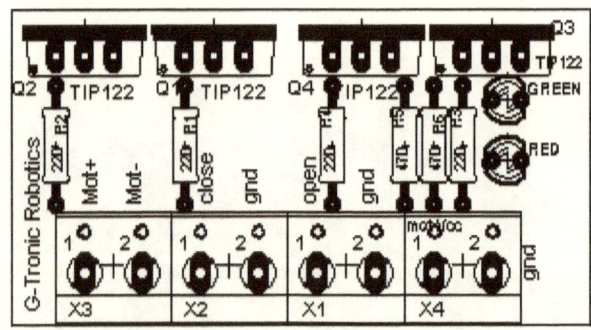

Layout del ponte H didattico G-Tronic, può essere facilmente ottimizzato sostituendo i due TIP122 in alto con i complementari TIP127 ottimizzando le dissipazioni termiche. Sono anche facilmente separabili i segnali di comando TTL (fornendone 4 anziché 2 con le uscite del microcontrollore al fine di evitare ogni possibilità di comando vietato che può comportare un corto circuito).

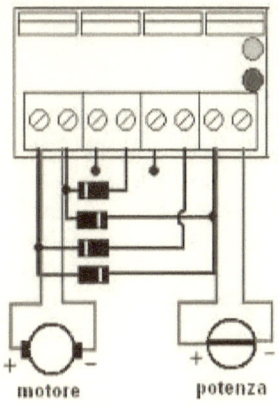

Ecco come collegare i diodi di ricircolo esterni senza dovere intervenire sul PCB.

motore   potenza

Un' altra applicazione dei diodi di ricircolo è nella nota scheda Micro-GT PIC versatile I.D.E dove i diodi di ricircolo compaiono nel pilotaggio ben due sezioni, quella relativa al motore DC, realizzata con un ponte H, fatto sempre con i transistor Darlington di tipo TIP122 muniti però di uno stadio driver che sfrutta i comparatori contenuti all'interno di un doppio amplificatore operazionale di tipo LM358, che ne adatta i livelli di tensione in input e si cura della protezione contro alcune manovre errate. I riferimenti di tensione costanti, indipendentemente dalla tensione esterna di alimentazione da portare all'indotto dell'attuatore è generata con due Zener da 2,7V. Nell'immagine vediamo questa sezione della Micro-GT

I due Zener vanno inseriti al posto delle resistenze R7 e R8, e renderanno il riferimento ai comparatori indipendenti dalla tensione di alimentazione Vcc che vediamo entrare dalla destra, morsetto X7-1.

I diodi D12,D13,D14,D15 sono i ricircoli che proteggono le giunzioni dei TIP122 e risultano collegati come nello schema sottostante:

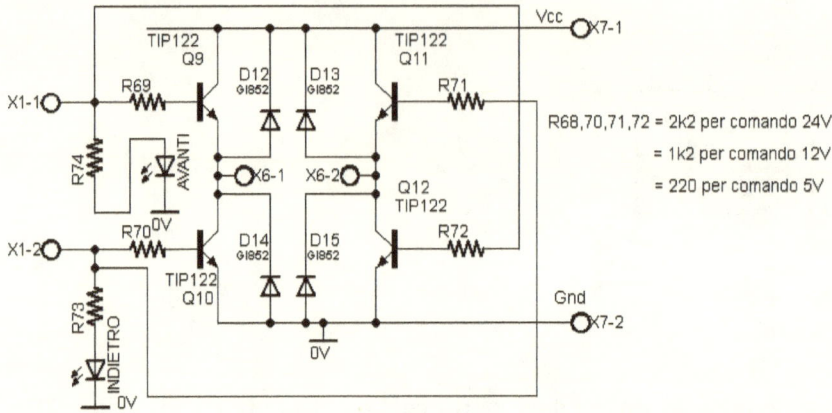

Alla sinistra, è stato tagliato la parte di schema relativa ai driver del ponte tramite gli operazionali. Si ricorda che con dei piccoli accorgimenti è possibile sostituire i transistor più in alto con i complementari PNP ovvero i TIP127 ed anche effettuare il controllo con 4 segnali dal micro, alti per saturare i TIP in basso e zero per saturare i TIP in alto.

Esistono molte soluzioni anche integrate per realizzare ponti e mezzi ponti H, ecco come, a volte, sono inseriti i ricircoli.

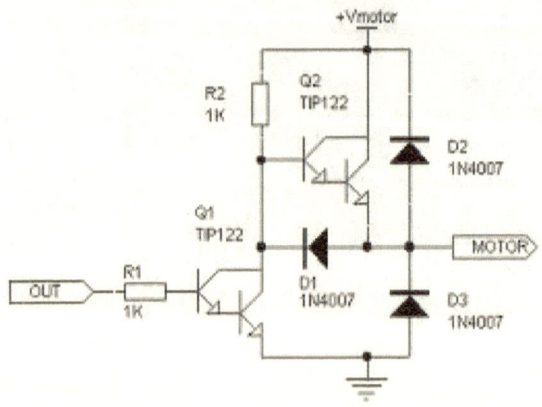

Anche il Ponte H inserito nella Micro-GT può essere usato, per pilotare due carichi separati come bobine di teleruttori, oppure singoli motori DC, ecc. I diodi di ricircolo si troveranno automaticamente nella posizione corretta.

Come possiamo vedere nello schema non montiamo i transistor siglati con Q1 e Q3, e ovviamente neppure le loro resistenze di base R1 e R3. Montiamo solo i due diodi di ricircolo in alto e procediamo al cablaggi delle bobine dei teleruttori (o dell'indotto dei due motori che vogliamo controllare) con il negativo (motore) o A2(bobina del teleruttore) ai morsetti X3-1 e X3-2, dove il ponte completo aspettava entrambi i morsetti dell'unico motore, mentre il secondo terminale andrà serrato esternamente a X4-1 assieme al conduttore di alimentazione positiva proveniente dal generatore di potenza.

Ovviamente la massa dovrà risultare in comune con il sistema di controllo, tenendo presente che "quelli veri" presentano più masse tra loro isolate tramite dispositivi optoelettronici.

Facciamo attenzione ad effettuare il collegamento in maniera da non bypassare l'opto isolamento.

I calcoli da eseguire per il dimensionamento della resistenza di base sono già stati esposti, comunque porteranno a scegliere RB=220ohm, per la corretta saturazione del Darlington.

Ricordo che Icmax potrà valere, in maniera impulsiva, ad esempio tramite il controllo PWM, circa 8A.

La seconda posizione all'interno della Micro-GT IDE, in cui sono installati i ricircoli è in corrispondenza dei morsetti di collegamento delle bobine del motore passo/passo direttamente interfacciabile.

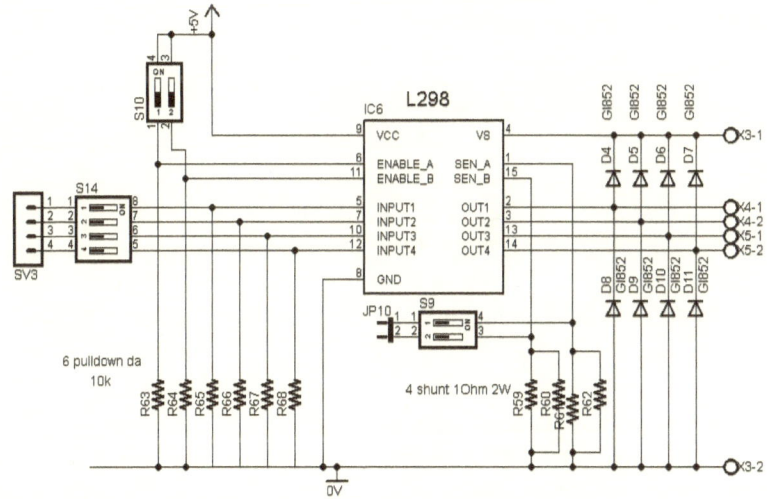

All'interno del circuito integrato L298, tipicamente usato per il controllo di potenza dei motori stepper, sono collocati due ponti H complementati con una piccola rete logica che impedisce ai segnali di comando errati di mettere in corto circuito i ponti. I piedini 1 e 15 inoltre rappresentano il filo di chiusura verso massa del ponte, potremmo dire gli emettitori dei transistor in basso. Se invece di portarli direttamente alla massa vi colleghiamo una resistenza di basso valore, ad esempio 0,5 ohm, ottenuta mettendo in parallelo due resistenze da 1W e 1Ohm, ricaverò una tensione di caduta proporzionale alla corrente che sta attraversando l'indotto del motore e quindi anche le giunzioni CE dei transistor. Questa tensione viene generalmente usata per effettuare un controllo sullo stato di coppia e di funzionamento del motore, è quindi in grado di generare un allarme nel caso il rotore del motore si bloccasse o fosse sotto eccessivo sforzo. Di norma il circuito integrato L298 funziona in coppia con L297, che si occupa non solo della generazione di passo in senso di marcia avanti "CW" e indietro "ACW".

Ai quattro ingressi di questo o altri circuiti integrati equivalenti per il controllo delle bobine del motore stepper porteremo dei segnali digitali, generati numericamente con un microprocessore oppure le uscite dell'integrato dedicato L297. Tali segnali, convertiti in binario, sono denominati matrice di passo. La tipica fullstep è mostrata sotto.

9 = 1001   5 = 0101   6= 0110   10= 1010

La matrice si presenta alle linee input1,2,3,4 spesso indicate con A,B,C,D a righe sequenziate con intervalli (delay) regolabile tra una transizione e la successiva. La velocità di scansione determina, nei limiti costruttivi del motore, la velocità di rotazione dell'asse.
Ovviamente leggendo la matrice dall'alto verso il basso si ha la rotazione in un verso mentre leggendola dal basso verso l'alto avviene l'inversione.

	A	B	C	B
Step 1	1	0	0	1
Step 2	0	1	0	1
Step 3	0	1	1	0
Step 4	1	0	1	0

Presentando una riga fissa della matrice di passo il motore stepper si pone in coppia/freno.

Nella morsettiera della scheda di sviluppo Micro-GT IDE possiamo identificare i primi due morsetti a sinistra Vcc e gnd a cui portare l'alimentazione dello stepper. Si faccia attenzione perché sono tipicamente tensioni basse dell'ordine dei 5V qualche volta 12V ma raramente quindi vanno letti i dati di targa. I successivi quattro morsetti sono le linee A,B,C,D mostrate nella precedente tabella.

Nella Micro-GT potremmo emulare queste funzioni via software, e le tensioni potranno ad esempio essere acquisite con due canali analogici del PIC dopo avere chiuso di dipswitch S9 e avere collegato il cavetto flat agli appositi PIN.

Approfondimenti nel controllo via software sono sul testo Let's GO PIC.

Vediamo la posizione dei due circuiti nel layout della Micro-GT IDE.

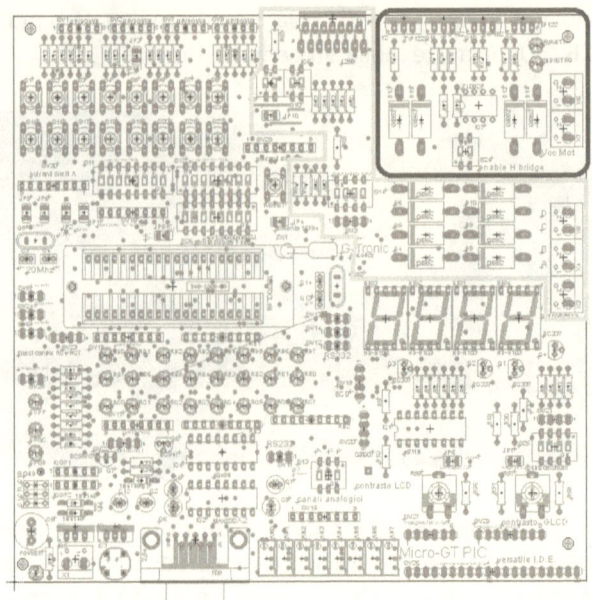

L'area evidenziata in rosso mostra la sezione ponte H ai cui morsetti possiamo collegare la tensione di potenza proveniente da una alimentazione separata rispetto a quella che alimenta la logica. Notiamo il circuito integrato DIL8 che consente l'interfacciamento e la protezione del ponte contro alcune particolari manovre distruttive. Le resistenza R8 e R9 disegnate davanti a questo integrato sono in realtà due diodi zener del valore di 2,7V con catodo verso l'alto.

La zona in giallo evidenzia la sezione di potenza per lo stepper motor oppure due motori DC con corrente massima di 2A ciascuno.

Bisogna fare attenzione a non mettere in corto i Darlington collegandoli alla stessa aletta ed anche il L298. In realtà per le applicazioni didattiche questi componenti risultano freddi e non ne hanno bisogno, ma giusto in caso ricordiamoci di mettere le opportune piastrine isolanti tra l'housing del componente e il metallo del dissipatore.

Una prima miglioria del ponte H presentato si ha montando, nel medesimo PCB, al posto si Q1 e Q3 i Darlington PNP di tipo TIP127 con l'accorgimento di saldare le resistenze R1 e R3 solo sul lato della base del transistor. L'altro lato va lasciato libero (in infilato nella piazzola per la saldatura) e al reoforo in questione attacchiamo un filo (uno per ciascuna delle due resistenze) da portare a un morsetto a vite da due posizioni a cui faremo pervenire due segnali di comando che arrivano dal microcontrollore.

Abbiamo creato un sistema di inversione di marcia che funziona con una combinazione di quattro segnali e non più due.

I segnali di comando da generare via software sono:

- 0010 per la marcia avanti
- 0100 per la marcia indietro.

La configurazione che segue può pilotare il motore in senso di marcia e in controllo di velocità PWM, dato che 22Khz, valore di frequenza che ottimizza la potenza trasmessa al motore DC con indotto a 24V, in uso nel laboratorio dove si sono svolte le sperimentazioni, è comunque una frequenza bassa, ben compatibile con quella accetta dai Darlington TIP122 e i suoi complementari TIP127.

Lo schema elettrico è il sottostante:

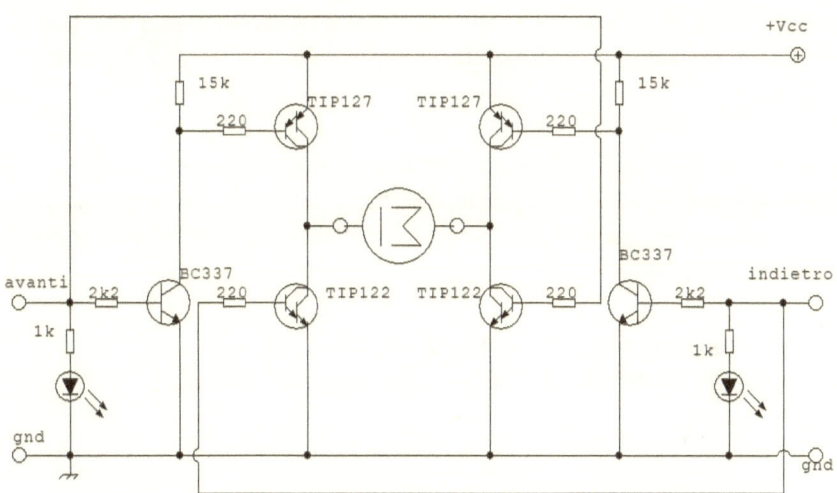

I segnali di comando richiesti sono solo 2, rispettivamente avanti e indietro entrambi a 5V dc. I due transistor BC337 rappresentano degli invertitori di segnale, infatti, se un uno logico (di valore compatibile con la rete di polarizzazione posta in base) viene applicato ai morsetti di comando, ovvero alle due resistenze di base tarate per applicazioni di interfacciamento con la logica TTL e quindi anche per i pin di uscita di un microprocessore/microcontrollore PIC.

Le resistenze da 2k2 permetteranno una Ib di circa 2 milli ampere, sufficienti a fare saturare i BC337, in questo caso le Rb dei TIP127 si troveranno quasi a massa e permettendo il passaggio di 10milliampere, sufficienti alla saturazione di questi Darlington PNP essi risulteranno trasparenti o quasi trasparenti tra il loro emettitore, connesso a a+Vcc, e il collettore connesso all'indotto del motore.

Seguendo le connessioni si vede facilmente che viene riproposto il pilotaggio a due a due secondo la diagonale del ponte H che permetterà l'inversione della corrente nell'indotto.

Rimane ancora il problema delle configurazione vietate che dovranno essere gestite via software nel firmware del processore, dato che un comando "avanti e indietro contemporaneo" continua ad essere distruttivo.

Una soluzione definitiva avviene interponendo una porta ex-nor davanti a uno dei due comandi, se vogliamo che il sistema si metta all'evento in uno specifico senso di marcia, due porte ex-nor, ad entrambi gli ingressi di comando se vogliamo che all'evento di doppio senso di marcia il motore stia fermo.

Una soluzione Hardware per la realizzazione della porta ex-nor con diodi e BJT è possibile e neanche troppo complicata, ma sarà da preferirsi solo se non intendiamo ibridare la tecnologia costruttiva tra transistor e porte logiche TTL o CMOS.

Il circuito integrato che contiene 4 porte EX-Nor a due ingressi costruito in tecnologia LOW POWER SCHOTTKY è il sgs-thomson T74LS266.

Soluzione per i segnali di comando antagonisti.

Supponiamo di avere il problema di lasciare passare solo uno dei due segnali si comando quando questi siano contemporaneamente presenti.

Assodato che questa situazione risulta distruttiva, è fondamentale assumere una di queste soluzioni quando si verifichi.

- **avanti+indietro** -> motore avanti
- **avanti+indietro** ->motore indietro
- **avanti più indietro** ->motore fermo

Non ha senso chiedersi quale sia più corretta perché dipenderà dalla specifica situazione, che normalmente si gestisce via software (firmware) all'interno del PIC.

In ogni caso prima di mettere in opera la scheda di controllo, è bene fare dei test del software di comando togliendo l'alimentazione di potenza. Dovremmo vedersi accendere i led di ingresso, uno o l'altro ma non tutti e due. Solo dopo avere verificato tutte lo condizioni possibili possiamo chiudere l'interruttore o collegare il morsetto dell'alimentatore di potenza che energizza il motore.

La situazione è nota in elettronica digitale come comparatore di disuguaglianza (uno o l'altro ma non tutti e due) implementato dalla porta ex-or o dalla situazione indicata qui sotto:

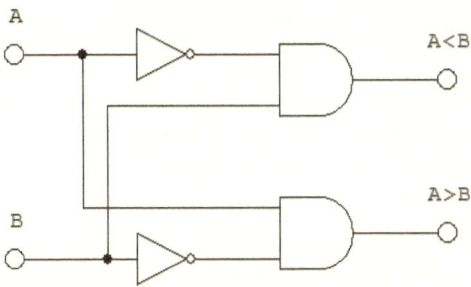

La sintesi della rete logica combinatoria sarà argomento dello specifico tutorial, per il momento vediamo come realizzare questa rete a transistor in modo da poterla porre davanti al precedente schema del ponte H a Darlington complementari al fine di risolvere i fortuiti conflitti di comando.

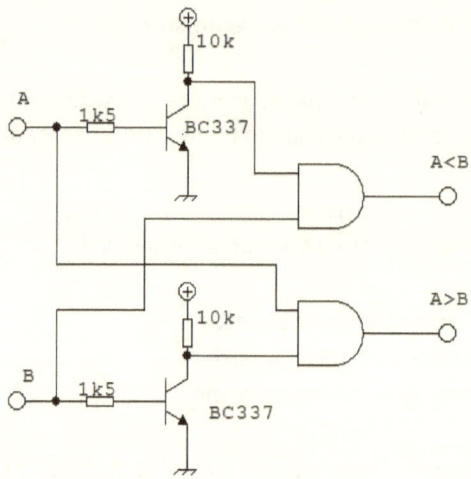

Ovviamente, una volta completato il circuito, i morsetti A e B saranno sostituiti con i segnali in logica TTL (0-5V) provenienti dalle uscite digitali del sistema di controllo PIC, ad esempio la Micro-GT mini.

Se siamo interessati all'interfacciamento con sistemi a tensioni diverse vanno ricalcolate le resistenze di base, raffigurate da 1k5, con il valore che permetta la saturazione del BC337 con 2mA. Come fare è già stato ampiamente discusso e quindi è ora tralasciato.

Vediamo invece come fare sparire le porte AND. Si può procedere in due modi, entrambi funzionali.

- In logica DL, ovvero usando solo diodi
- In logica TTL, ovvero usando transistor in commutazione

La logica DL è molto semplice e non così limitante come potrebbe sembrare. I diodi 1N914 sono i più adatti a questa funzionalità logica ma anche dei comuni 1N4148 potranno andare bene

Le caratteristiche dirette da data book sono:

- I_F= corrente diretta 300mA
- RF=resistenza equivalente diretta (deltaV)/(deltaI)=(1-0,72)/(10-5)=140 Ohm
- V =caduta di tensione diretta da 0,6 a 1V .
- Vgamma=0,4V

Le caratteristiche inverse sempre da data book sono:

- Vinv=massima tensione inversa di lavoro =75V
- BV= breakdown voltage, ovvero tensione inversa di scarica = 100V
- Rr= resistenza in conduzione inversa = (delta V) /(delta I)=(75-25)/(5000-25)= 11MOhm

Nell sostanza è molto vicino al comportamento di un interruttore aperto e chiuso.

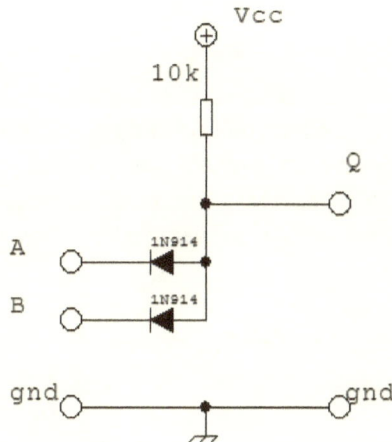

Nello schema sopra c'è una porta AND realizzata con diodi, quindi in logica cosiddetta DL (diode logic). L'uscita segue la tabella di verità dell'AND logico in cui il livello basso è pari a 0,6V e il livello alto sarà dipendente dal valore a cui è appesa la resistenza di pull-up, quindi non necessariamente TTL anche se è bene che lo sia.

Ecco il comparatore di disuguaglianza realizzato senza porte integrate:

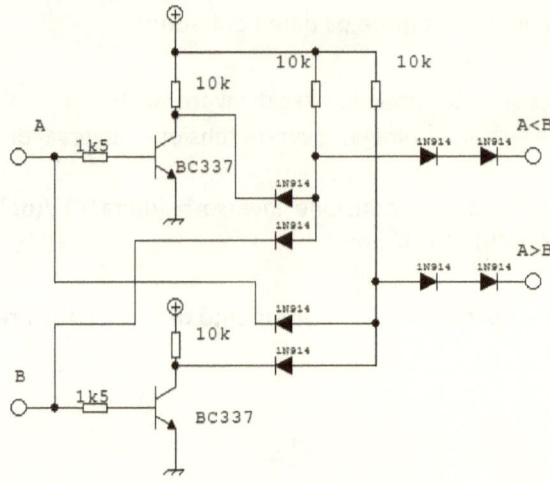

Eseguendo un Nor logico tra i segnali presenti sotto le due resistenze di pullup è possibile prelevare un segnale che realizza il comparatore di uguaglianza, se tale NOR è realizzato mettendo in cascata un OR con un NOT, collegandosi a monte del NOT abbiamo disponibile il segnale alto che segnala al disuguaglianza.

Abbiamo quindi disponibili 4 diverse informazioni all'uscita del circuito:

- A<B
- A>B
- A=B
- A diverso da B

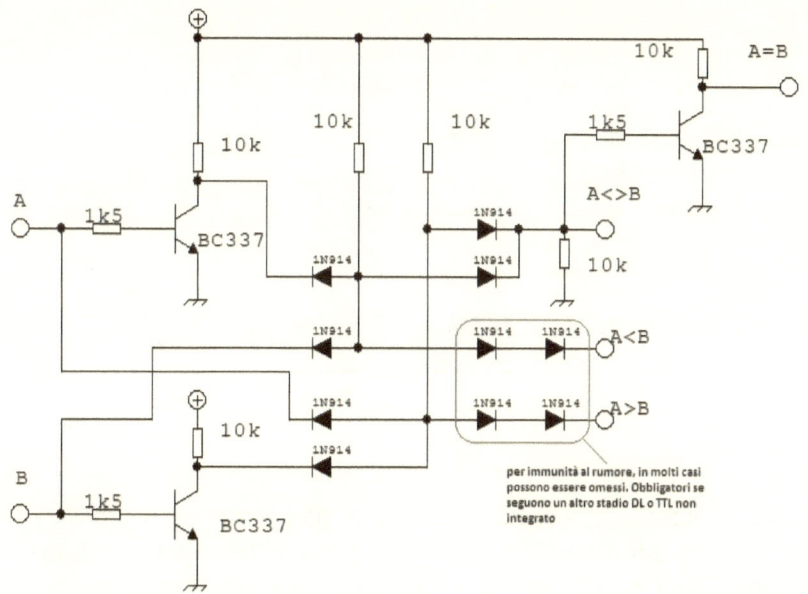

per immunità al rumore, in molti casi possono essere omessi. Obbligatori se seguono un altro stadio DL o TTL non integrato

Ora abbiamo tutti i segnali possibili ed immaginabili disponibili per proteggere il ponte H, possiamo quindi procedere assemblando uno stadio che alla fine si comporti da ex-or davanti agli ingressi di comando del ponte a Darlington complementari esposto in precedenza.

Nella sostanza abbiamo un ricreato quanto i progettisti de microelettronica hanno fatto alla ST relativamente ai due ponti H inseriti nel noto circuito integrato L298, che è sempre una ottima soluzione per correnti di indotto inferiori a 2A

Eccovi un primo esempio di ponte protetto sull'uguaglianza dei segnali di comando di marcia.

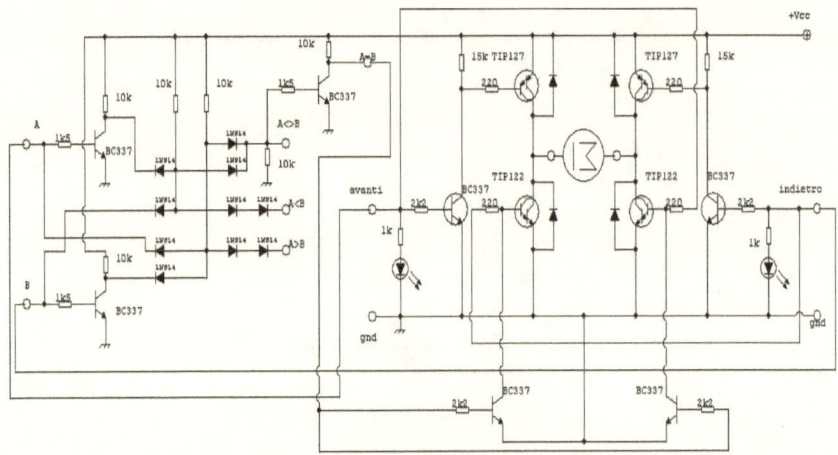

È lasciato al lettore, come utile esercizio di progettazione, il produrre i ponti H che sfruttano i canali di protezione A<>B, A<B,B>A, individuandone i casi in cui sia necessario usare questa metodologia. Faccio notare che nello schema sovrastante questi morsetti sono stati lasciati liberi e disponibili.

Come piccolo suggerimento posso accennare anche al fatto che alcuni attuatori che dovessero essere comandati simultaneamente alla marcia del motore, ma sotto opportune condizioni, liberano alcuni pin del PIC e semplificano il programma.

Per finire, la presenza dei diodi di ricircolo lasciano sotto intendere un uso in PWM del ponte H.

Versione miniaturizzata del ponte H semplice

Con semplice si intende la configurazione didattica non protetta che richiede l'implementazione degli interblocchi software all'interno del dispositivo di controllo.

Accenno solamente dato che vorrei presentare un articolo a se stante sotto l'insegna "Let's GO PIC!!!", non appena avrò terminato questa e altre pubblicazioni che ho in corso.

Si tratta di un sistema a guida ottica, derivato dal lavoro sulla sedia a rotelle robotizzata per portatori di SLA.

Anche questo progetto è stato premiato al concorso internazionale europeo di Zaragoza (Saragozza) in Spagna, dove si è piazzato al primo posto su oltre 100progetti di innovazione tecnologi e ricerca presenti.

Accennando: Una automobilina, su cui ho montato un micro motore/riduttore D.C. recuperato dallo zoom di una vecchia telecamera, è controllato da una Micro-GT mini con a bordo il PIC 16F876.

Nel prototipo sono presenti solo alcune cose come, i fanali, simulati con dei LED, le frecce simulati con LED multicolore, lo sterzo destra e sinistra (ma meccanicamente non implementato per problemi di miniaturizzazione meccanica comunque con segnali presenti e validi, marcia avanti e marcia indietro abbinato al ponte H miniaturizzato di cui si va a discutere.

I segnali di comando la cui spiegazione è ora omessa, arrivano dalla telecamera del notebook in funzione del blinking effettuato con le palpebre del bambino disabile che può usare questo meraviglioso giocattolo. Nessun movimento corporeo è richiesto all'utilizzatore che si presume totalmente immobilizzato dalla patologia...omissis.

Ecco foto e schema FidoCad del ponte H miniaturizzato:

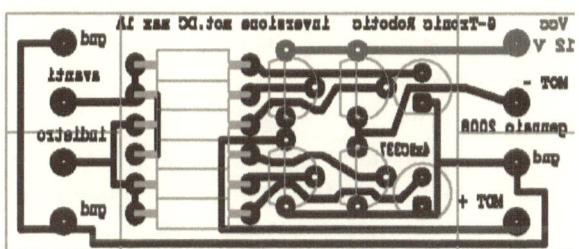

La versione di PCB mostrata sopra è quella munita di morsetti che risulta più comoda negli assemblaggi ma con ingombro più che doppio rispetto a quella senza morsetti in cui i cavi sono direttamente saldati nel PCB. Si risparmia anche denaro oltre che spazio, ma lo schema elettrico è identico.

Questo ponte H può essere impiegato in tutte quelle applicazioni di asservimento in cui agisce un motore D.C. miniaturizzato. Ad esempio potrà controllore lo zoom di una telecamera, l'apertura e la chiusura di un vano porta CD, orientamento di antenne da interni, ecc. Il ponte può essere applicato in tutte quelle situazioni in cui la corrente di indotto sia minore ad un ampere.

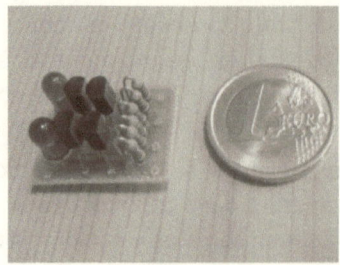

Come vediamo nella foto il circuito è realmente minuscolo e se ci fosse interesse potrà essere ulteriormente ridotto impiegando componentistica SMD, e nei casi in cui risultino inutili eliminando i LED di direzione e le relative resistenze. Questo circuito è un ottimo esercizio di saldatura per le scuole perché impone all'allievo concentrazione e precisione.

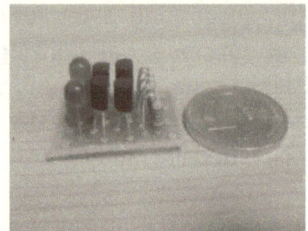

I fori rimasti liberi sono per il collegamento dei cavi di alimentazione del ponte, i cavi dell'indotto del motore, e i due cavi per i segnali di comando più una massa in comune tra il dispositivo di controllo e il ponte H.

Questo circuito è fatto per interfacciarsi a motori così piccoli che anche se controllati in PWM, segnale accettato dagli ingressi di questo ponte, non ha bisogno dei diodi di ricircolo data la bassa energia in gioco.

Come possiamo vedere dall'immagine il modellino è molto piccolo, deriva infatti dal telaio della nota mini4WD. Quelle automobiline non hanno però la marcia indietro e montano motori molto, forse troppo, rapidi, la cui riduzione è composta dalla sola catena cinematica dei due ingranaggi collegati all'albero motore. La meccanica era dunque estremamente inadatta alla nostra applicazione.

Si è preferito cambiare direttamente il motore forte del fatto che avevo disponibile il micro motore dello zoom della videocamera che vedete nella foto.

L'alloggiamento non è stato troppo complicato anche usando solo mezzi di fortuna.

Durante le fasi di test abbiamo anche bloccato le ruote, leggasi bloccato l'asse del motore, e anche in questo caso il ponte ha tenuto.

Utile esempio di polarizzazione.

Determinare R1, R2 per avere Icq=2mq, sapendo che i parametri del BJT sono Bf=50 e Vcc10Volt.

La rete di polarizzazione è indicata nello schema sottostante.

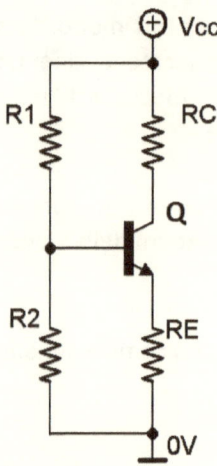

Applicando il teorema di Thévenin ricavo il circuito semplificato avente una unica maglia equivalente in ingresso alimentata con Vbb (tensione del generatore a vuoto equivalente di Thévenin) e una unica Rbb (resistenza equivalete della rete della maglia ingresso, resa passiva, vista dalla porta Base-Massa.

Si ottiene: Rbb= (R1*R2) / (R1+R2) e Vbb = (Vcc*R2)/(R1+R2) in questo caso è il semplice partitore di tensione.

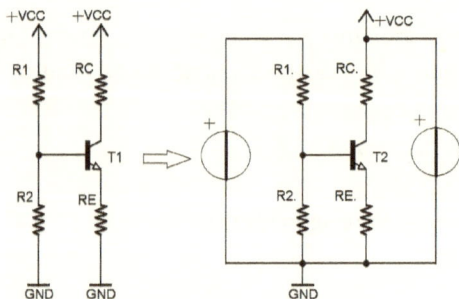

Il teorema di Thévenin (detto del generatore equivalente di tensione) permette di calcolare quella equivalente rete composta da un unico generatore di tensione di tensione, calcolato tendo conto degli effetti di tutti i generatori della rete sovrapposti alla porta in esame, con carico annullato (staccato), si deve quindi isolare la parte del circuito di interesse dalla rete complessiva e applicare su quella porta (priva di carico) il principio di sovrapposizione degli effetti.

Il generatore così trovato andrà collegato in serie alla unica resistenza equivalente che si trova rendendo passiva la parte di rete in esame, manovra che si realizza mettendo VIRTUALMENTE in corto i generatori di tensione e a prendo gli eventuali generatori di corrente. La manovra di spegnimento virtuale dei generatori si può eseguire semplicemente togliendo i cerchietti attorno al simbolo.

Una volta che si è ottenuto I generatore reale di tensione a vuoto equivalente secondo Thévenin, lo si ricollega alla rete ottenendo questo schema:

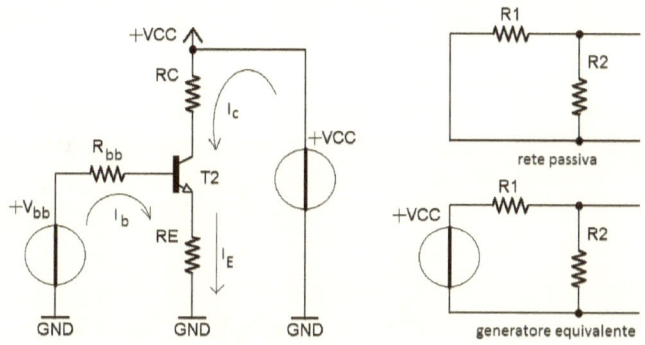

Ic=B*Ib

Ie=Ib*(1+Bf)=Ib+Bf*Ib

L'equazione della maglia di ingresso è:

Ib*Rbb+Vbe+Ie*Re-Vbb=0

L'equazione della maglia di uscita è:

Ic*Rc+Vcc+IeRe-Vcc-00

Sul sistema che ho attenuto impongo le condizioni del problema, ad esempio sulla seconda equazione Ic=2mA

Il sistema risultante è:

$$\begin{cases} Ib\,Rbb + 0{,}7 + IeRe - 5 = 0 \\ 2*10^{-3}*Rc + Vce + IeRe - 10 = 0 \end{cases}$$

Ora devo parametrizzare il sistema al fine che esso abbia al massimo 2 incognite (attualmente ne presenta 4).

Supponiamo quindi che R1=R2=30K da cui Rbb=15K.

Imponiamo inoltre Re=860 Ohm.

Rimangono, come richiesto, solo due incognite

Vce e Ib.

Supponendo inoltre che il componente si trovi in zona attiva diretta, allora è nota anche la Ib, trascurando come sempre in questi esempio le correnti di dispersione.

Ic=Bf*Ib

Da cui si ricava Ib= Ic/B =2*10^(-3) / 50 =4*10^(-5) = 0,00004 A

Sostituendo i valori trovati nel precedente sistema si ottiene:

$$\begin{cases} 4*10^{-5}*15k\Omega + 0,7 + 4*10^{-5}(51)*860\Omega = 0 \\ 2*10^{-3}*Re + Vce + 4*10^{-5}(51) - 10 = 0 \end{cases}$$

Se Rbb<<(1+Bf)*Re

Si ha Voce= (Vcc-Ve)/2 = (Vcc-Re*Iq)/2=4,35V

Quindi:

Vcb=4,35-0,7=3,65V >0

Ne consegue che la giunzione CB è polarizzata inversa e quella di emettitore è polarizzata diretta. In queste condizioni il BJT è in ZONA ATTIVA DIRETTA come ipotizzato.

In definitiva si ha:

$$2 * 10^{-3} * Rc + 4{,}5V + 4 * 10^{-5}(51) - 10 = 0$$

$$Rc = \frac{10 - 4 * 10^{-5} * (51) - 4{,}5}{2 * 10^{-3}} = \simeq 2749\,\Omega$$

Il dimensionamento circuitale per ottenere una corrente Ic sul carico di 2mA come richiesto, mantenendo il transistor in zona attiva diretta è riportato nello schema qui sotto.

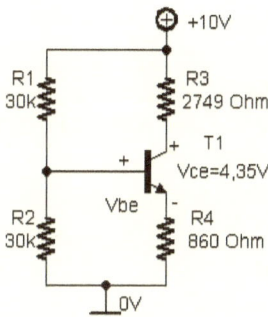

Con questo schema che riporta i valori l'esercizio/esempio è concluso.

Calcolo della I$_b$ di saturazione.

Esiste una formula diretta che consente di calcolare la corrente da iniettare in base per portare il transistor BJT in zona di saturazione.

$$Ib_{sat} = \frac{Vcc - Vce_{sat}}{Rc \times \beta}$$

dove Rc è la resistenza di collettore

Una volta trovato questo valore di corrente si può trovare il valore della resistenza che lo impone tramite l'equazione:

$$Ib*Rb+Vbe-Vs=0$$

Ricavata ovviamente dalla seconda relazione di Kirchhoff sulla maglia di ingresso.

Poiché Bf è un parametro che può essere fortemente variabile anche per transistor della stessa serie è necessario per i calcoli basarsi sul valore minimo garantito dal costruttore.

Per progettazioni più precise è necessario testare il componente con un multimetro in grado di dare una stima di hfe.

E' importante anche sapere che Bf può non essere costante in funzione sia della temperatura che della corrente di collettore.

I transistor di segnale hanno hfe, ovvero Bf, molto elevate, mentre i transistor di potenza (più adatti a lavorare con elevate tensioni e correnti di collettore) ha un valore più modesto.

Un modesto valore di di Bf implica una maggiore corrente di base per portare il componente alla saturazione.

Per ovviare a questo inconveniente si usa lo stratagemma di collegare (nel medesimo contenitore) due transistor in cascata e tale configurazione è detta Darlington.

Connessione Darlington.

Due transistor omologhi oppure complementari integrati in unico contenitore si comportano come un unico transistor con $B_T = B_{f1} + B_{f2}$

Lo schema elettrico è didatticamente parlando il seguente:

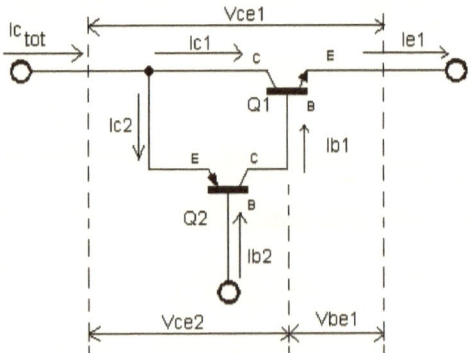

Siccome vale Vce1= Vce2+Vbe1 il transistor di ingresso difficilmente satura ed è questa causa di dissipazione termica nelle applicazioni ON/OFF.

Se aumentiamo il numero dei transistor questo difetto viene incrementato così che si preferisce passare a configurazioni con transistor complementari.

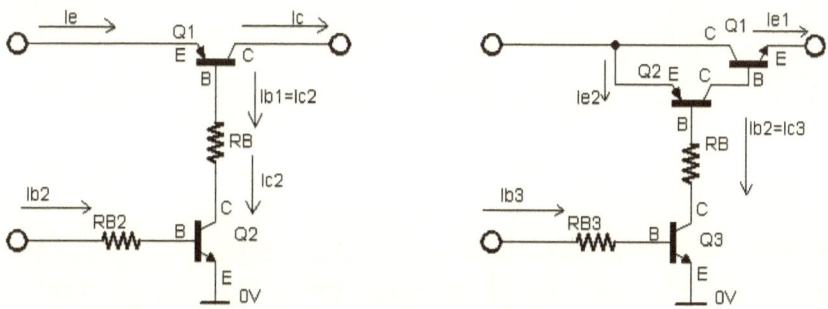

Ecco il disegno, fatto a mano, del transistor Darlington TIP122, comunemente identificato come NPN.

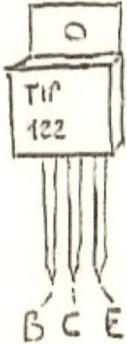

Come già detto satura con una corrente di 10mA in base ma ne può accettare anche 100mA impulsivi.

Effetto Early.

Aumentando Vce aumenta molto la tensione di polarizzazione inversa della giunzione BC, al contrario, la tensione di polarizzazione diretta della giunzione BE rimane praticamente invariata a circa 0,7Volt (Vbe=cost in zona attiva o saturazione), ci sono due conseguenze.

1) Aumenta Ib a causa dell'aumento del gradiente di elettroni in base

2) Riduzione della corrente di ricombinazione in base.

Entrambi gli effetti contribuiscono ad aumentare Ic.

è un fenomeno caratteristico di tutti i transistori BJT (bipolar junction transistor) e consiste nella variazione della larghezza della base di un BJT dovuta ad una variazione della tensione di collettore. Infatti, fissato un valore di tensione base-emettitore, all'aumentare della tensione collettore-emettitore, aumenta la tensione di polarizzazione inversa della giunzione base-collettore e, quindi, aumenta la larghezza della regione di svuotamento di tale giunzione. Tutto ciò porta ad una riduzione della larghezza della base del transistore, poiché la corrente di saturazione, I_S, è inversamente proporzionale alla larghezza della base. L'aumento della I_S produce anche un aumento della corrente di collettore I_C, la quale viene espressa nel seguente modo:

$$I_C = I_S e^{\frac{V_{BE}}{V_T}} \left(1 + \frac{V_{CE}}{V_A}\right)$$

e V_A prende il nome di tensione di Early.

Tale effetto si può evidenziare osservando la lieve inclinazione delle rette sulla caratteristica di uscita (V_{CE} e I_C). Tali rette risultano appartenere ad un fascio, il cui centro è il valore di tensione negativa V_A.

Vediamo con un grafico l'effetto early sulle curve caratteristiche.

Caratteristiche di uscita ad emettitore comune.

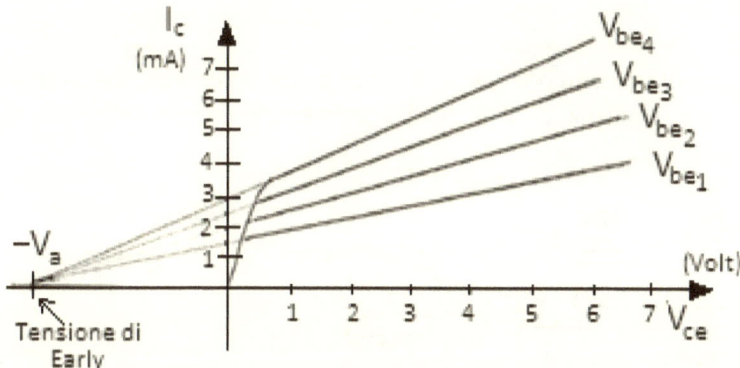

Detta Ro la resistenza di uscita del transistor ad emettitore comune, si ha che questa è rappresentata dalla pendenza della curva.

Ro ha importanti ripercussioni sul funzionamento del transistor come amplificatore (un buon amplificatore deve avere Ro più basso possibile per meglio trasferire la potenza al carico).

$$R_o = \frac{V_a + V_{ce}}{I_c} \cong \frac{V_a}{I_c}$$

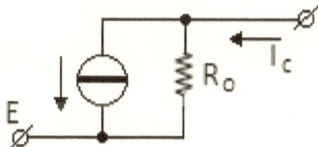

Attenuazione dell'effetto early

L'effetto early è dannoso per il funzionamento del transistor perché comporta una difficoltà nel trasferire potenza tra il BJT e il carico.

Una dissipazione interna inoltre fa aumentare la temperatura del componente e delle sue giunzioni, deviando ulteriormente le curve caratteristiche.

Per ovviare a ciò il costruttore realizza il BJT in modo che il collettore sia meno drogato della base.

In definitiva il BJT deve essere costruito asimmetricamente per quanto riguarda le densità "N" dei drogaggi delle zone di emettitore, Base, collettore.

Ne>>Nb>>Nc

Il BJT non è quindi un componente simmetrico come si potrebbe pensare associandolo per analogia ai due diodi anodo-anodo (NPN) o catodo-catodo (PNP).

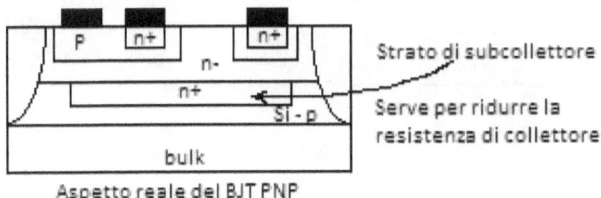

Aspetto reale del BJT PNP

Esercizio riassuntivo completo.

Vediamo come trovare il punto di lavoro e quale è la sua deriva sulla retta di carico in funzione della variazione del parametro Bf che ricordiamo essere corrispondente al guadagno statico di corrente ai parametri ibridi.

Lo schema elettrico è:

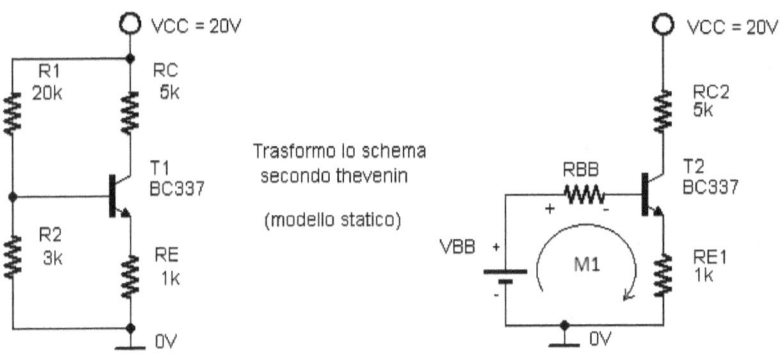

Vengono dati i seguenti parametri:

$B_1=50$ (prima condizione)

$B_2=250$ (seconda condizione)

Travare il punto di lavoro Q=(I_c,V_{ce})

Applico Thévenin alle maglie di ingresso, ottengo R_{bb}=(20*3)/23 = 2k6 e aanche V_{bb}=(V_{cc}*3k)/(20k+3k)=2,6V

Quindi si ha che la maglia M1 di ingresso è governata dall'equazione:

$I_b R_{bb} + V_{be} + I_e * R_e - V_{bb} = 0$

Trascurando le correnti di dispersione, I_{cbo} e I_{ceo}, vale:

$I_e = (B_{f1}+1) * I_b$

Sostituisco I_e

$I_b R_{bb} + V_{be} + R_e (B_1+1) * I_b - V_{bb} = 0$

$I_b * R_{bb} + (B+1) * I_b * R_e = V_{bb} - V_{be}$

$I_b * [R_{bb} + (B+1) * R_e] = V_{bb} - V_{be}$

Mettiamo in evidenza la corrente di base

$I_b = (V_{bb} - V_{be})/(R_{bb} + (B+1) * Re)$

sostituiamo i valori noti

$I_b * (2k6 + 1k * (B+1)) = 1,9V$

$I_b = 1,9/(3600 + 1000 * B)$

Adesso possiamo eseguire due calcoli distinti, uno per B_1=50 e uno per B_2=250

$I_b(50) = 1,9/(3600 + 1000 * 50) = 35uA$

$I_b(250) = 1,9/(3600 + 1000 * 250) = 7,49uA$

Ora risolvo le maglie di uscita e trovo Vce

$-20+5k*B*I_b+V_{ce}+(Bf+1)*1k=0$

$V_{ce}=20-5k*B*I_b-(Bf+1)*I_b*1k$

Ora dobbiamo parametrizzare le due variabili B e Ib, che comunque dovranno essere impostate in maniera coerente.

Ad esempio:

$$Vce \Big|_{\substack{B=50 \\ Ib=50}} =20-5000*50*35*10^{-6}-51*10^{-6}*1000 =9,465Volt$$

$$Vce \Big|_{\substack{B=50 \\ Ib=50}} =20-5000*50*35*10^{-6}-51*10^{-6}*1000 =9,465Volt$$

$$Vce \Big|_{\substack{B=50 \\ Ib=50}} =20-5000*50*35*10^{-6}-51*10^{-6}*1000 =9,465Volt$$

Ora trovo le due correnti Ic

$Ic_{(50)}= 50*35*44*10^{-6} =0,001772A.$

$Ic_{(250)}= 250*7,49*10^{-6} =0,0018725A$

Conclusioni: E' entrata in gioco una retroazione negativa ovvero il sistema tende ad opporsi alle variazioni di certe grandezze I_c e V_{ce} modificandone pesantemente delle altre in questo caso I_b.

$$I_c = B_f \, I_b = \frac{B_f(V_{bb}-V_{be})}{R_{bb}+(1+B_f)\,R_e}$$

sotto certe condizioni si puo' semplificare

condizioni

$$I_c = \frac{V_{bb}-V_{be}}{R_e} \qquad \begin{array}{l} V_{bb} \gg V_{be} \\ R_e \gg \dfrac{R_{bb}}{B_f} \end{array}$$

Regola pratica "Rule of tale" per determinare la R di polarizzazione.

Usiamo una regola pratica che ci permette di determinare i valori accettabili delle tre resistenze di polarizzazione (estendibile a quattro R).

Vengono assegnate la Ib e la tensione di alimentazione.

- Ib=100uA
- vcc=10V

Lo schema in esame è nello schema sottostante.

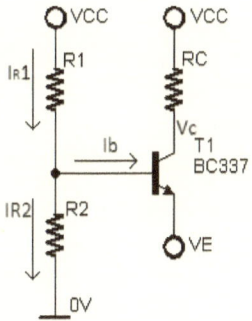

Nella progettazione corretta si deve ottenere:

$Ib \ll I1$

Diamo la "RULE OF TALE" (regola d'oro) a cui attenersi per sviluppare concretamente i circuiti di polarizzazione.

dato I_{R1} diverso da I_{R2}.

1. $IR_1 >= 10I_B$ (meglio se 100)
2. $V_B >= 2V$
3. V_c a metà strada tra V_{cc} e V_e.

Vediamo un esempio di applicazione della regola d'oro.

Considero una rete a 4 resistenze incognite, quindi da calcolare.

Sono date I_c=2mA e B_F=50 V_{cc}=10V.

Impongo la regola 2

$V_B = 3V$

Ne consegue $V_E = V_B - V_{BE} = 2,3V$

$R_E = V_E / I_E$

Per definire $R_E = 2,3V / 2,04mA$

$I_E = (B+1) * I_B$ $I_C = B * I_B$
$R_E = 1127 Ohm$ $I_c / B = I_B$
$I_B = 40uA$ $I_B = 0.04mA$ $I_E = 2,04mA$

Impongo la regola 1

$I_{R1} = 10 * I_B = V_{cc} / (R1+R2)$

considerando la IB trascurabile

$10 * 40uA = 10V / (R1+R2)$
$R1+R2 = 10V / (0,0004) = 25k$
$R1+R2 = 25k \rightarrow V_B = 3V = Vcc * R2 / (R1+R2)$

quindi troviamo la R2

$(3 * 25000) / 10 = R2$

da cui R2 = 7500 Ohm

per differenza ricavo R1 (25000-7500)=R1 R1=17500
Per calcolare Rc applico la terza regola.

$Vc = (Vcc - Ve)/2 = 3,85 + 2,3 = 6,25V$

con 2,3 ho indicato l'offset

$Rc = (Vcc - Vc)/Ic = 3,85 / (2*10^{-3}A) = 1925$ ohm

Abbiamo trovato tutte le 4 le resistenze.

Lo specchio di corrente.

Le resistenze sono ingombranti da integrare nei C.I. quindi delle volte si preferisce simulare con l'ausilio di 2 BJT collegati a specchio di corrente.

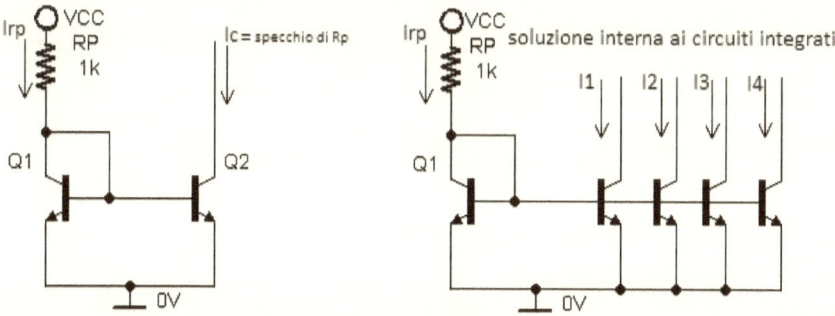

Lo specchio di corrente copia una corrente programmata tramite una resistenza inserita in un punto di un circuito su un altro punto del circuito, sia esso esterno che interno ad un circuito integrato come mostrato nelle immagi sovrastanti.

Vediamo un esercizio di dimensionamento dello specchio di corrente.

Esercizio: Dimostrare che Io=Ip

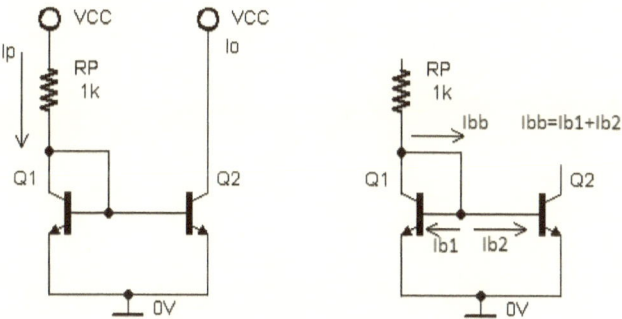

Osserviamo il nodo a cui è applicata la Rp e applichiamo la prima legge di Kirchhoff. Scrivo l'equazione della maglia esterna tra Vcc e massa (noto che il collettore è forzato ad esser equipotenziale alla base.

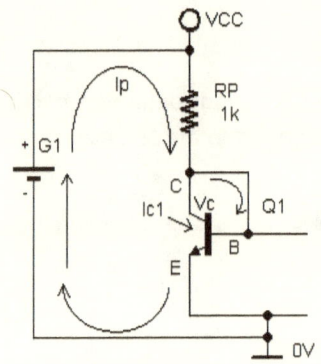

$$IpRp + \underbrace{Vcb}_{\text{vale zero}} + Vbe - Vcc = 0$$

ricavo Ip $Ip = \dfrac{Vcc - Vbe}{Rp}$

supposto che il transistor sia in zona attiva diretta vale

$Vbe = 0,7V$

Supponiamo che Q1=Q2 (situazione molto teorica)

$I_p = I_{c1} + I_{BB}$

$I_{BB} = I_{B1} + I_{B2}$

$I_{B2} = Is/B * e^{(Vb/VT)}$ $I_{B1} = I_{B2}$.

quindi $Ip = 2*I_B + I_{C1}$ dalla relazione $I_{C1} = B*I_B$ si ha:

$Ip = (B+2)*IB$ quindi $IC2 = Io = B*IB$

evidenzio Ip

$Ip = (B+2)*Io/B$

evidenzio Io

$Io = (Ip*B)/(B+2)$

si ottiene:

$$\frac{\cancel{B}}{\cancel{B}}\left(\frac{1}{1 + \dfrac{2}{B}}\right) I_p = I_o$$

Se torno indietro di un passaggio e suppongo, come sempre avviene, che B>>2 allora B/(B+2)=1 o meglio circa 1.

186

Quindi Io=Ip ed ho raggiunto lo scopo di copiare dentro ad un circuito integrato un valore di corrente in un punto specifico.

Tale valore di corrente è programmato fuori dal circuito integrato tramite una singola resistenza.

Questo è lo scopo dello specchio di corrente.

Multivibratore astabile.

Questo semplice circuito è una pietra miliare di tutti i corsi di elettronica, costituisce infatti una tappa obbligata nello studio del funzionamento dei transistor BJT. Il contenuto teorico è abbastanza vasto e difatti costituisce spesso argomento di temi d'esame. Concettualmente parlando si tratta di due gruppi RC (in questo caso calcolati per una costante di tempo di 1 secondo) che forniscono mutualmente alle basi dei transistor una tensione crescente fino al valore Vb=0,7 volt a cui la giunzione base emittore va in conduzione. Il primo transistor che va in conduzione (entrando in saturazione) interdice quello del ramo opposto che darà la possibilità al ramo opposto di essere pilotato dalla tensione crescente presente al reoforo positivo del condensatore ora in carica. Una volta raggiunti gli 0,7 volt il transistor antagonista satura con l'effetto di portare a massa (a meno di 0,2 volt tra collettore e emettitore) il condensatore del ramo opposto scaricandolo e innescando cos il ciclo continuo. Benché l'onda ottenuta non sia proprio squadrata ben si presta a moltissime applicazioni anche di elettronica digitale.

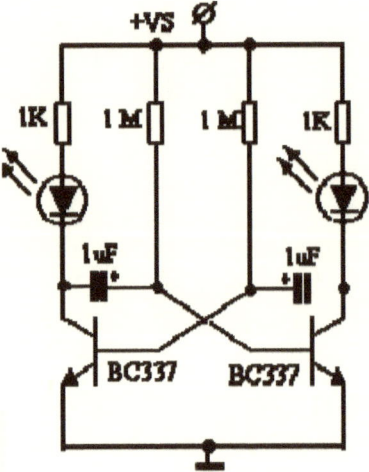

Sviluppiamo questo semplice progetto usando i due Cad attualmente più in voga, ovvero FidoCad, per le realizzazioni domestiche e Eagle per le realizzazioni professionali. In entrambi i casi il supporto PCB risulterà estremamente compatto.

Nella foto successiva vediamo l'oscillatore realizzato in FidoCad. Date le misure estremamente compatte il circuito risulta super economico ed anche un ottimo esercizio di manualità in assemblaggio per i principianti.

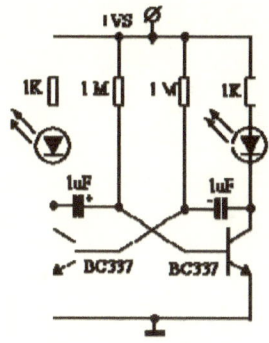
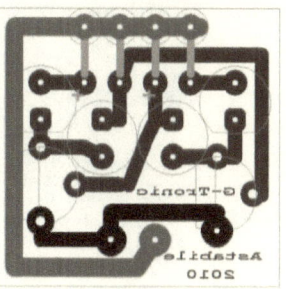

Circuito stampato realizzato in FidoCad dell'oscillatore a BJT (multivibratore astabile, configurazione didattica).

Basetta presensibilizzata 100*160mm con 35 esemplari, realizzando questo stampato possiamo soddisfare una intera classe scolastica ed avanzare anche qualche esemplare. La spesa per questa prova di laboratorio è davvero ridotta. Puoi scaricare i file FidoCad sia a singolo esemplare che multiplo dal link sottostante.

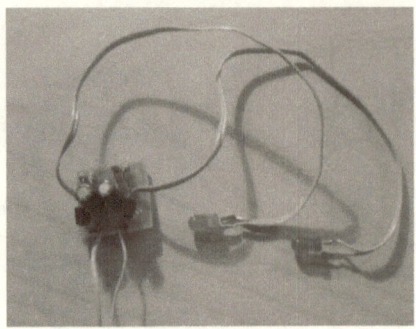

I fili lunghi e sottili, ricavati sezionando un cavo flat multi conduttore, sono necessari perché l'esemplare in figura è destinato alla realizzazione degli occhi oscillanti del pupazzo Mr. Funky presentato in questo sito.

La versione ancora più compatta è realizzata in Eagle ed è scaricabile dal prossimo link.

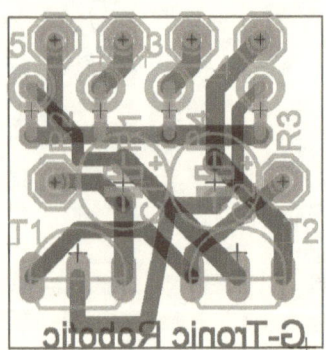

Inverter didattico.

L'applicazione che segue è già stata da me pubblicata e viene qui riportata per la sua coerenza con l'argomento trattato.

Voglio sottolineare che si tratta di una applicazione didattica che mette a disposizione scarsa potenza e una discutibile stabilità ma è comunque una certezza che nei limiti indicati svolgerà la sua funzione.

Lo schema di principio è riportato nella struttura a blocchi qui sotto. Si tratta dello stadio driver dello stadio di potenza a Darlington. In sostanza viene generata un'onda quadra (sarà quasi quadra nel circuito reale) e la sua complementare, ovvero il segnale che chiamiamo Q e il complementare Q-negato.

L'obbiettivo è raggiunto con l'oscillatore astabile a transistor BC337 del paragrafo precedente.

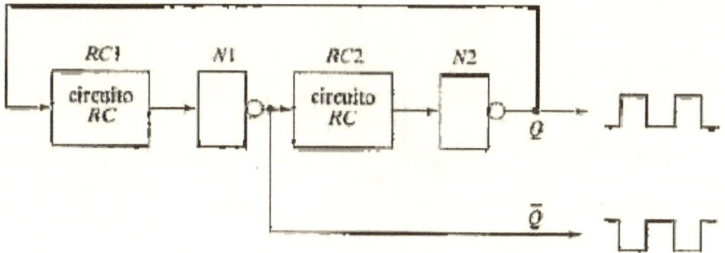

Postiamo qui il semplice schema elettrico e studiamone il funzionamento di base. Premetto che sarà possibile sostituire i Darlington praticamente con qualsiasi dispositivo che abbiate in magazzino purché sia fatto lavorare in una zona di saturazione ben certa, quindi bisognerà ritoccate i valori delle resistenze di base (gate se usate dei MOS). Il valore corretto qui non lo posso dire perché dipenderà da cosa usate come switch...ma di certo vi servirà come utilissimo esercizio. Personalmente io uso spesso i Darlington TIP122 perché offrono un buon rapporto qualità potenza e prezzo, nonché perché ne ho i magazzini pieni. Con 10 mA in base sono in buona zona saturazione, ovvero la tensione tra il collettore e emettitore è ridotta al minimo in modo che possono essere assimilati a contatto meccanico di un relè (magari fosse proprio così ma si approssima bene).

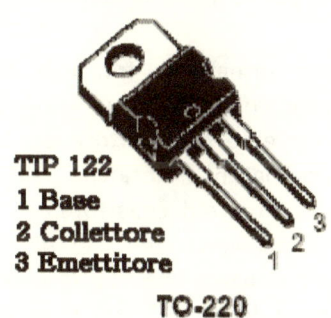

TIP 122
1 Base
2 Collettore
3 Emettitore

TO-220

Passiamo all'analisi dello schema elettrico e vediamo come i componenti reali assolvono le funzioni di quelli dello schema a blocchi. Facciamo anche un minimo di spiegazione sul dimensionamento.

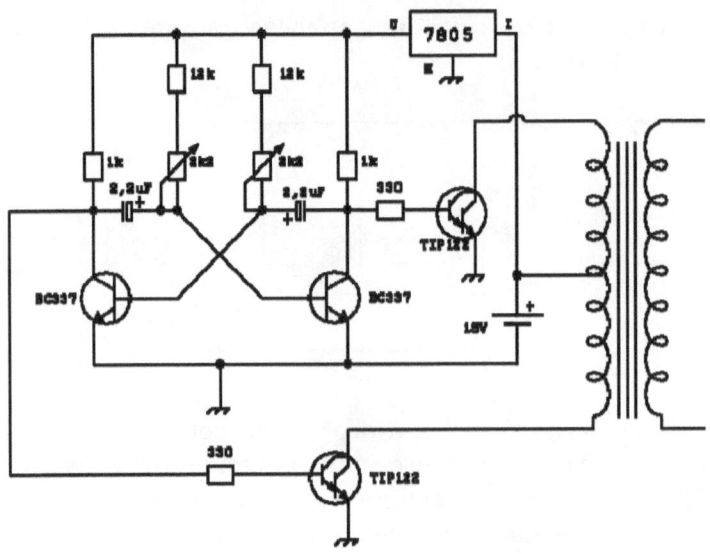

Nota preliminare: Tra la massa e la presa centrale del trasformatore potrete collegare qualsiasi fonte continua di valore dettato dal buon senso, ad esempio compresa tra 9 e 24 volt. Potrete collegare ad esempio in maniera diretta un piccolo pannello solare dimostrativo, come ho fatto durante il collaudo, avendo l'accortezza in questo caso di non caricare l'uscita, ma di usarlo solo a scopo dimostrativo, ad esempio se la vostra scuola partecipa a manifestazioni fieristiche collegatici in maniera permanente un tester commutato sulla scala 600 A.C.

La porta N1 è un invertitore formato dal transistor BC337 del ramo di destra e dalla sua resistenza in collettore, il cui valore sarà tarato sia per non superare la massima corrente di collettore del BC337 che per far saturare correttamente il Darlington, si nota che nello schema esiste un gruppo formato da 1K per la corrente di collettore e (330 Ohm+1K) per la base del TIP122, ma un'ottima variazione che poi si è utilizzata nel progettazione della basetta è di usare una sola resistenza di 330 Ohm al posto di quella da 1K e la base del TIP122 sarà collegata direttamente al collettore del BC337.

La porta N2 è un invertitore composto dal transistor del ramo di sinistra e dal suo gruppo resistivo di collettore il cui dimensionamento sarà per simmetria identico a quanto sopraindicato.

Le basi tempo sono formate dai circuiti connessi alle basi dei BC337, ovvero la serie del resistore fisso nello schema riportato a 12K e dal punto di regolazione a trimmer del valore di 2,2K, in serie alla capacità da 2,2uF elettrolitico. Nella realtà sarà preferibile allargare la finestra di regolazione aumentando il valore della resistenza variabile a 4K7 e riducendo di conseguenza quella fissa a 10K. Il valore della capacità è preferibile sia 4,7uF allo scopo di partire da un valore più prossimo a 50Hz prima di effettuare qualsiasi taratura per la quale è necessario un oscilloscopio.

I collegamenti tra le porte di inversione garantiscono che, quando il transistor TR1 di destra è saturo, il transistor TR2 di sinistra è interdetto, e viceversa.

Approssimativamente, il periodo di tempo durante il quale TR1 è interdetto è fornito, in secondi, da **0,7 * R * C**, e per simmetria lo stesso tempo è di interdizione per TR2.

In questi oscillatori astabili il periodo di oscillazione è dato da **T=1,4 * R * C** dove R è il valore totale del trimmer con aggiunto il valore della resistenza fissa posti direttamente in serie alla capacità.

La frequenza di oscillazione è data ovviamente dall'inverso del valore ottenuto per il periodo **f= 1/T**.

Certamente si noteranno degli scostamenti tra il valore teorico calcolato del periodo e quello visualizzato dall'oscilloscopio a causa delle tolleranze sia dei resistori che delle capacità, ma un'azione di taratura sui trimmer porterà la frequenza agli attesi 50Hz e il duty cycle al 50%.

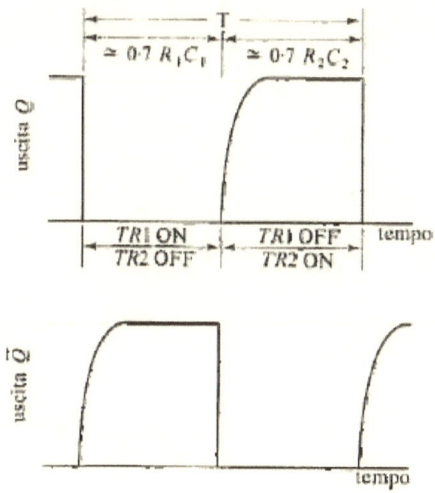

Si noterà che il fronte di salita della tensione di uscita è arrotondato, questo inconveniente può essere attenuato con modificazioni del circuito che restituiranno un'onda quadra perfetta, ad esempio con l'ausilio di diodi Zener, o utilizzando un Flip-Flop o altro, queste modificazioni aumenteranno la stabilità della frequenza della tensione di uscita.

Anche se il circuito può essere soggetto a derive termiche o a necessità di ritarature il suo funzionamento è sicuro e la realizzazione molto semplice pertanto è usatissimo come generatore di onde quadre (o quasi quadre).

Interdittore di linea.

Ho denominato "interdittore di linea" un insieme di transistor BJT di segnale posti in modo che pilotando un NPN con i 5V di uscita del pin del PIC si faccia o meno saturare un PNP che mette di conseguenza in conduzione la linea in cui è presente il segnale TTL. In alcuni miei progetti viene proposta questa soluzione con due BJT che danno un ottimo spunto didattico data dall'eleganza circuitale. Nel progetto del selettore di due canali analogici a BJT, presentato sempre su Grix, di cui ho posto il link all'inizio dell'articolo, usavo un solo transistor NPN, operante in zona saturazione/interdizione il cui collettore era connesso al nodo centrale di una pseudo serie di resistenze operanti come impedenze aggiuntive alle linee analogiche, quindi quasi trasparenti. L'interdittore di linea qui proposto ha una complessità circuitale leggermente superiore.

Vediamo lo schema.

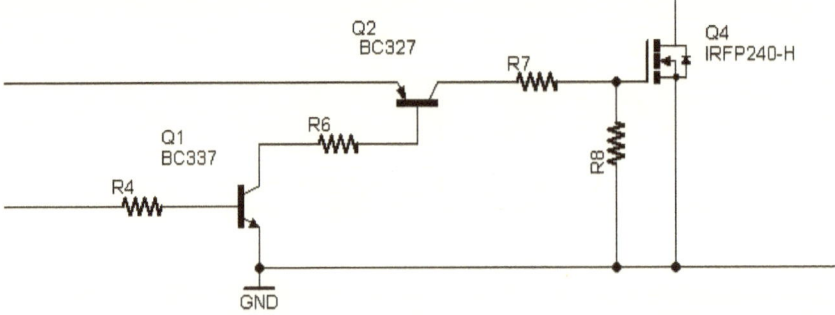

Alla linea a cui è connessa R4 giunge un segnale stazionario ON/OFF dal pin del microcontrollore, quindi da 0 a 5 Volt. Al medesimo punto è connesso anche il diodo LED verde, con la sua resistenza da 10k (farà una luce bassina ma non abbiamo interesse ad alzarla, a meno che questo LED non venga portato a qualche pannellino frontale).

La maglia costituita dal pin alto dell'uscita del PIC, la resistenza R4, la giunzione Vbe, soddisfa l'equazione:

Ib R4 - Vbe - Vrb1 = 0

Dove con Vrb1 si intende la tensione presente al pin del PIC quando l'uscita è alta. Mettendo in evidenza la corrente Ib si ottiene:

Ib= (Vrb1 + Vbe)/R4

Sostituendo i valori noti all'interno dell'equazione si ottiene:

Ib = (5V-0,6V)/1500 = 2,9 mA

Questa corrente garantisce una saturazione abbastanza profonda del BC337 che alle misure, come ai datasheet mostrano un hfe mai minore di 250 (a volte raggiunge i 350), per una corrente Ic max di 0,8 A.

In queste condizione di pilotaggio della base la tensione Vce scende a valori molto bassi (mai maggiori di 0,2V) quindi praticamente collega a massa la resistenza posta in base del BJT PNP indicato con Q2. Al fine di non distruggere la giunzione B-E viene inserita la R6, la maglia di base va soggetta a calcoli simili a quelli visti per l'NPN, e data l'analogia circuitale si avranno in uscita dalla base circa 2 milliampere. Dato che questi due milliampere vanno verso massa tramite le giunzione tra collettore e mettitore dell'NPN la soluzione non è accettabile come stadio di ingresso di segnali audio. Questi subirebbero una perdita non trascurabile, cosa invece insignificante in un segnale in tensione fissa alta a 5 Volt o a onda quadra come nel nostro caso.

L'oscilloscopio dimostra infatti un'ottima resa del segnale tra emettitore e massa (quindi a monte) e collettore massa (quindi a valle) del circuito di interdizione di linea. Le forme d'onda sono infatti praticamente uguali.

Il selettore didattico a BJT.

La compressione dei paragrafi precedente è essenziale per il funzionamento di questo semplice circuito (dal quale non dovrete pretendere i miracoli). Un concetto importante, dato con un simpatico promemoria è:

Un segnale buttato a massa è un segnale morto!

Quindi configurando un interruttore elettronico per deviare il segnale che dall'MP3 viaggiava verso l'amplificatore portandolo a massa, questo non avrà più alcun peso rispetto al segnale utile da amplificare. Ovviamente non lo dovrete portare a massa tramite un corto ma tramite un carico resistivo.

Lo schema di principio è:

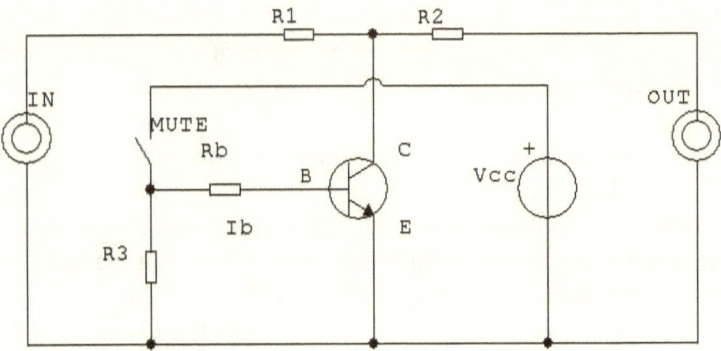

- R1 e R2 = 10k
- R3 = 10k
- Rb = 2k2
- Transistor = BC337

I segnali audio hanno il ritorno comune sulla massa del circuito, mentre il filo di "mandata" è il centrale degli RCA-DIN) che normalmente sono impiegati in circuiti audio. Il segnale di "mute" che annichilisce l'amplificatore arriva dal generatore Vcc tramite la chiusura dell'interruttore indicato con "mute". Questo generatore è stato volutamente lasciato indicato in modo da poter applicare qualunque valore a patto che venga ricalcolata con la tecnica indicata prima, la resistenza Rb. Se Vcc vale 12 volt allora Rb è quella indicata sulla lista. Se invece è il segnale TTL proveniente dalla porta parallela del vostro PC dovrà valere circa 1000 Ohm (presento sia la versione manuale che interfacciata al PC, tramite porta LPT, per il controllo del selettore).

Quando il BJT è interdetto il segnale transita attraverso le resistenze R1 e R2 subendo una attenuazione che in molti casi non è dannosa, dipenderà dall'amplificatore che metterete in cascata.

Quando il transistor è saturato il segnale viene portato a massa nel punto centrale tra le due resistenze. Queste garantiscono un carico a ciò che sta a monte quindi non avviene un corto circuito. L'effetto è che il segnale audio non può raggiungere l'amplificatore posto a valle.

Inseguitore e invertitore a BJT.

Un singolo transistor collegato come nello schema precedente rappresenta un invertitore di stato logico. In effetti se si applica un 1 logico alla maglia di base si trova, ed è facile dimostrarlo, uno zero logico sulla maglia di collettore.

Lo schema seguente invece rappresenta un inseguitore dello stato logico di ingresso dato che segue una doppia negazione.

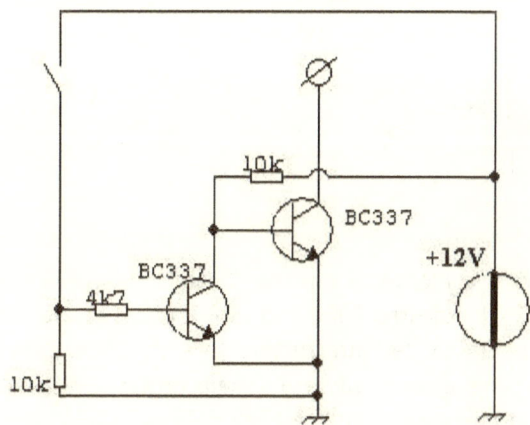

Al morsetto di collettore del secondo transistor vi è il medesimo segnale presente alla base del primo, sembra perciò un circuito inutile, ma nella realtà ha la funzione di disaccoppiare i circuiti di monte e di valle. La sua utilità diventa quindi di immediata comprensione non appena se ne analizza il funzionamento in combinata con il circuito "invertitore".

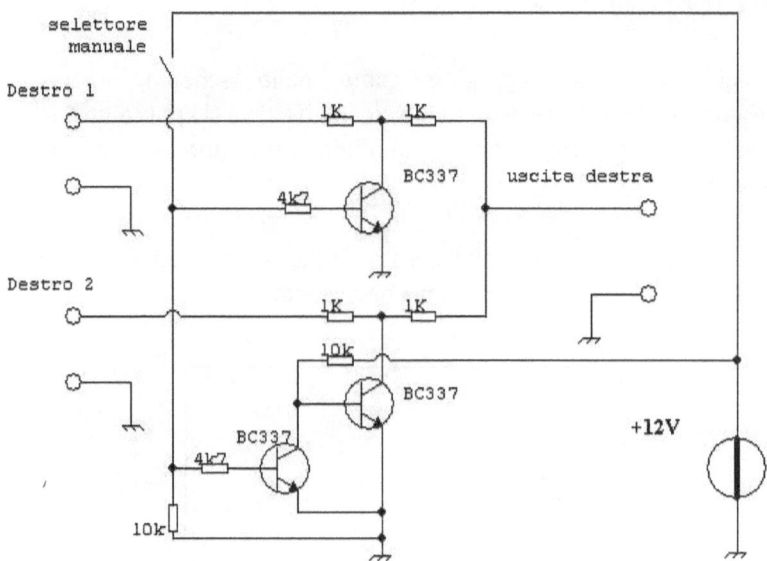

Questo schema non è niente di più che l'insieme dei due precedenti. I canali audio destro 1 e destro 2 sono in realtà uno solo dei due cavi per ogni singola fonte. Quindi se l'interruttore (o il bit che potete inviare via LPT) è aperto (il bit è a zero) allora il canale destro 1 si porta all'uscita (anche se attenuato a causa della presenza dei resistori), mentre il canale destro 2 viene portato a massa quindi il segnale non raggiunge l'amplificatore.

Quando l'interruttore è chiuso la situazione si inverte quindi il segnale su destro 2 attraversa il circuito e arriva all'amplificatore mentre destro 1 viene portato a massa tramite le giunzioni interne tra collettore ed emettitore del BJT.

Ora basterà duplicare il circuito per ottenere la versione stereo.

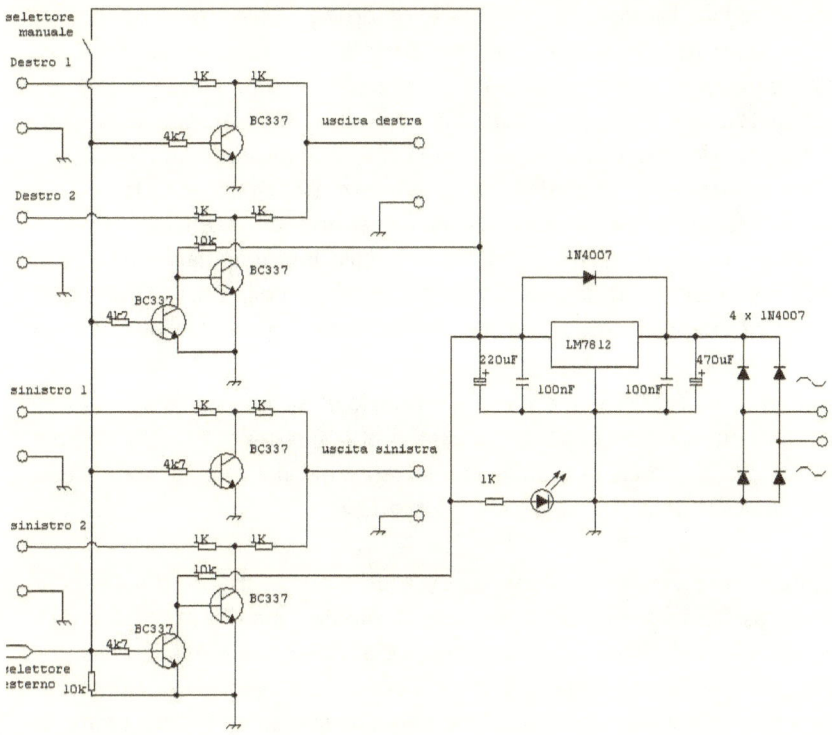

La sezione alimentatore.

La sezione di alimentazione è davvero molto classica ma altrettanto funzionale. Tantissimi dei dispositivi elettronici che troviamo in commercio sono alimentati in questo modo.

Per brevità dico solo che l'alimentatore è composto da una sezione di raddrizzamento costituito dal ponte di diodi. Consiglio sempre ai mie allievi di disegnarlo in questa maniera (tutti i catodi in alto) perché diventa impossibile sbagliare la configurazione. Nel classico sistema in cui il ponte viene disegnato romboidale spesso i principianti sbagliano mettendo in corto un ramo del ponte, ovvero disegnano senza accorgersene due diodi che si inseguono verso massa formando un corto circuito. Disegnate tutti i catodi all'insù e applicate l'alternata al centro, così vi sarà impossibile confondervi.

Segue un condensatore elettrolitico detto di livellamento. All'uscita del ponte infatti la tensione è solo stata raddrizzata, ovvero le semionde negative sono state riportate simmetricamente al di sopra dello zero volt. Questo comporta che le oscillazioni a 50Hz sono ora diventate a 100 Hz, eppure la tensione è continua dato che non si transita mai sotto la linea di zero. Una tensione di questo tipo può già essere applicata a un motore DC ma è assolutamente inadatta ad alimentare un circuito elettronico il quale si troverebbe perennemente in transitorio di accensione. IL o i condensatori di livellamento riducono le oscillazioni unipolari raddrizzate ad un ripple residuo, sfruttando la riserva di carica della capacità che non si scarica istantaneamente come scenderebbe verso massa la sinusoide.

Il regolatore di tensione merita una trattazione su un capitolo dedicato dato che è uno dei componenti più usati e utili al mondo. Per il momento diciamo solo che serve a stabilizzare la tensione al valore indicato nelle ultime due cifre della sua sigla. Ad esempio 12V.

Il condensatore elettrolitico che segue è utile come riserva di carica. In questo caso non serve praticamente a niente, ma lo mettiamo per spiegare ai principianti la configurazione standard di un alimentatore molto classico. Come possiamo notare è di valore inferiore a quello che si trova a monte del regolatore. Questa deve diventare una regola, infatti in fase di spegnimento del dispositivo la combinazione alto a monte e basso a valle impedisce l'inversione dei flussi di corrente che potrebbero portare alla distruzione il componente. Analogo scopo ha il diodo contro polarizzato in parallelo al regolatore. Crea una via di fuga per le correnti inverse proteggendo il regolatore.

I due piccoli condensatori che obbligatoriamente vanno saldati vicinissimi al terminale di massa servono ad impedire le fastidiose auto oscillazioni che portano al surriscaldamento il regolatore.

Eliminazione dell'alimentatore.

E' possibile, facendo bene attenzione agli assorbimenti, alimentare direttamente il dispositivo usando un Bit comandato alto della LPT. In questo caso dobbiamo calcolare gli assorbimenti in modo che non si assorbano più dei 10mA che la porta può dare. Se osserviamo il circuito notiamo che la corrente dell'alimentatore arriva solo alle basi dei BJT che sono in grado di saturare con soli 2mA, quindi siamo a cavallo.

Ecco lo schema predisposto per essere controllato da PC.

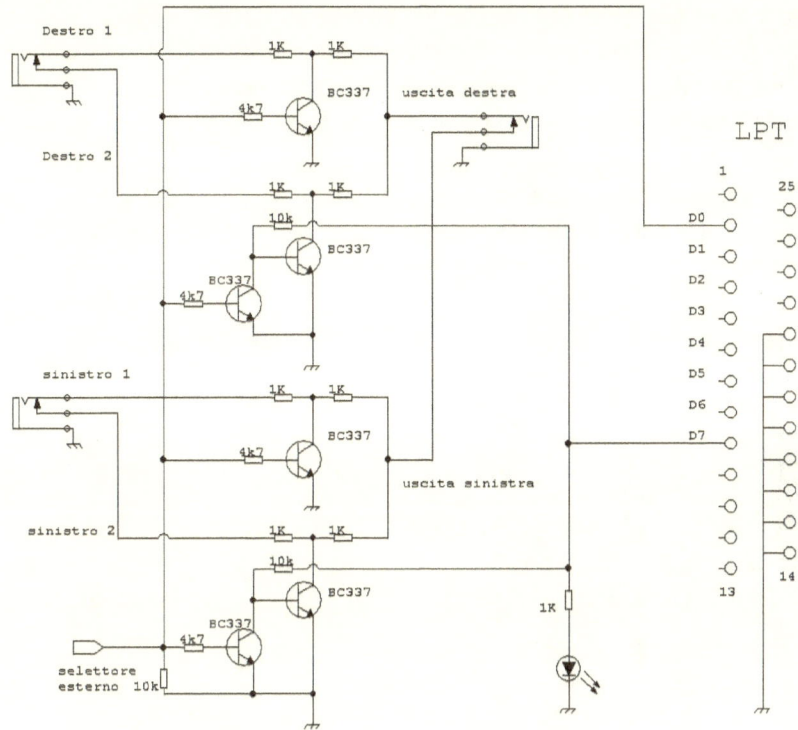

Esistono molti software che inviano dati alla parallela, ce ne è uno in Python, nel sito www.gtronic.it, creato per controllare un piccolo robot in marcia avanti, indietro, destra, sinistra.

Realizzazione su basetta millefori.

Il punto dolente di una realizzazione su millefori è sempre la disposizione delle piste. Anche se può sembrare strano esiste sempre, o quasi sempre, un percorso che si potrebbe identificare con una pista se il PCB venisse sbrogliato con il CAD. L'importante è che le "piste" create con percorsi di stagno siano meno ondulate possibili, di spessore più o meno costante e soprattutto che non abbiano anime in metallo create con pezzi di reoforo. Insomma devono essere fatte puramente di stagno. Questo vi permetterà di correggere rapidamente un percorso se ritenete che uno sia stato piazzato erroneamente.

Il trucco per riuscire a fare le piste di stagno su mille fori sta nel fare un primo passaggio mettendo uno cupoletta di stagno per ogni foro. Poi li uniamo a due a due e per ultimo, con il saldatore non troppo caldo, uniamo i gruppi di due formando la pista. Per evitare che lo stagno fuso ci segua mentre muoviamo il saldatore soffiamo leggermente tenendo la superficie fusa "borderline" con la solidificazione.

Questo metodo porta sempre a risultati strabilianti. Le piste ottenute saranno molto lineari e lucide. Ovviamente dopo avere fatto un po' di esperienza.

Ecco una realizzazione eseguita discretamente. Le piste di stagno risultano ben ordinate e facilmente identificabili.

Il connettore RCA a due posizioni, che vediamo nella prossima foto, è quello relativo all'uscita. Ricordiamoci che siamo in ambito audio e per giunta nella sezione in cui i segnali sono solo preamplificati quindi molto sensibili a disturbi e interferenze varie. Il cavo qui è obbligatoriamente schermato. Il contenitore finale deve essere metallico e la carcassa riferita a massa.

Ci si presentano più possibilità per alloggiare il circuito finale. Alcune riguardano il riutilizzo di vecchi HUB bruciati disponibili a scuola. Un ottimo suggerimento, in mancanza di mezzi e soluzioni alternative, è quello di usare due strati di cartoncino rigido tra i quali è stato inserito un fogli di alluminio domopack collegato a massa. Questo dovrebbe garantire un'ottima schermatura.

In questa foto ravvicinata vediamo che lo schermo comune ha un tratto piuttosto lungo scoperto. Funzionerebbe meglio se ogni segnale avesse un conduttore e uno schermo, ma anche così non è male. L'importante è evitare di portare questi segnali con cavo normale.

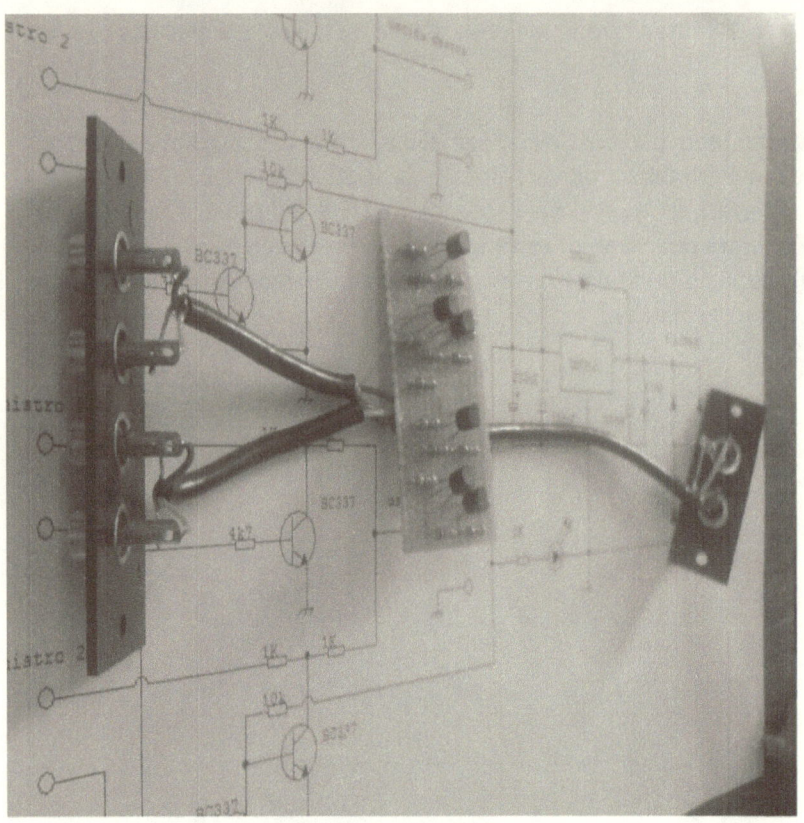

La versione "LPT" non ha bisogno di alimentazione perché il consumo è estremamente basso e quindi ricavabile da un Bit della porta LPT. Questa soluzione è un po' brutale e andrebbe evitata, specialmente perché priva dell'obbligatorio opto isolamento, ma questo primo esercizio di interfacciamento è comunque didatticamente molto valido.

Usando il software di test di cui ho postato il link, e mettendo lo spunto sul bit 7, vedremo accendersi il LED indicante che il circuito è operativo.

Agiamo sul bit zero che a secondo del suo stato seleziona il canale 1 o il canale 2.

Amplificatore a transistor da ¼ di watt

Questo schema è realizzabile con i componenti che sicuramente avete in casa in qualche cassetto o che potete recuperare facilmente de assemblando qualche vecchio dispositivo.
Si tratta di un amplificatore in classe B, come possiamo vedere dallo stadio push-pull d'uscita realizzato con la coppia BC337 – BC337, ovvero i transistor per piccoli segnali più comuni nel mercato.

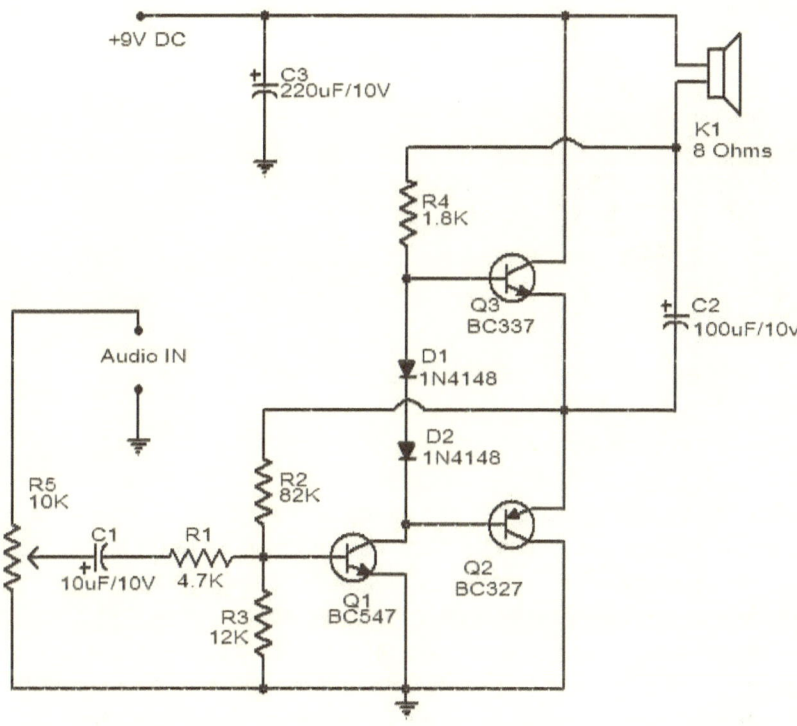

La rete di polarizzazione è semplice ed essenziale. Il dimensionamento viene lasciato al lettore come utile esercizio anche se i valori sono già indicati nello schema.

Amplificatore a transistor multi configurabile.

Proponiamo un secondo amplificatore a transistor, della potenza di ½ watt, molto simile al precedente, in cui tutti i valori sono lasciati da calcolare al lettore come utile esercizio.

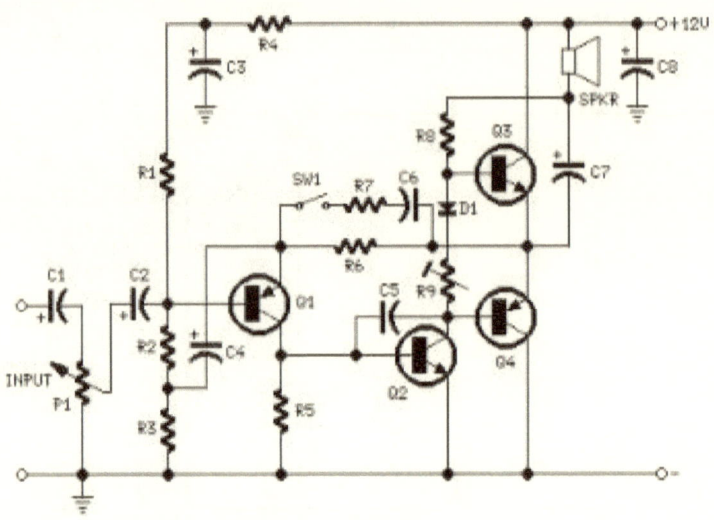

L'amplificatore è un palese classe B, con carico a +Vcc, quindi il trimmer R9 ha lo scopo di portare la tensione di riposo dell'emettitore di Q3 al valore di Vcc/2, in questo caso 6V, in assenza di segnale la capacità C7 impedisce alle componenti continue di attraversare l'altoparlante.
La tensione di alimentazione può variare tra 9 e 12V senza nessuna conseguenza.
Si può ottenere una potenza in uscita molto maggiore sostituendo la coppia finale del push pull con dei Darlington complementari ad esempio un TIP122 (npn) con un TIP127 (pnp), ma in questo caso va adeguata la rete di polarizzazione.

Collegamento alla porta parallela (LPT).

La porta parallela ha la piedinatura indicata nella figura sottostante:

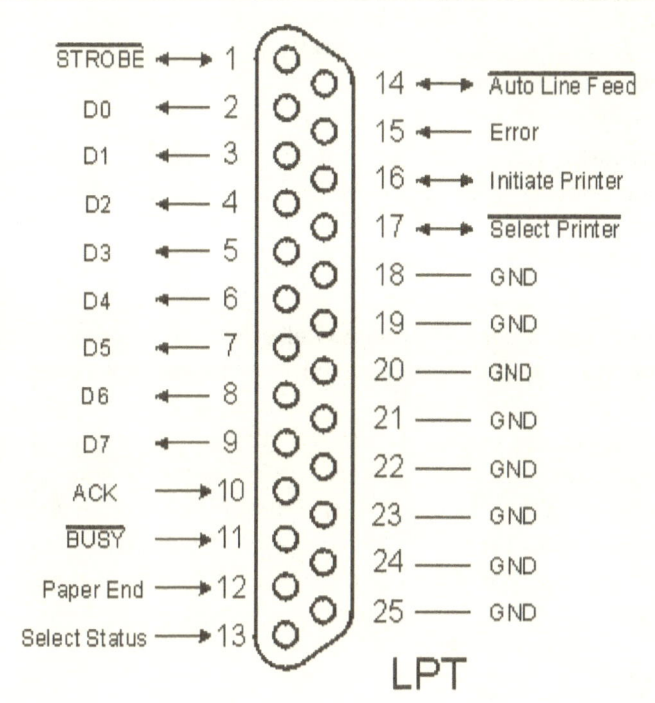

Dopo aver tagliato il cavo ricaviamo la seguente corrispondenza colori pin

marrone	1	rosa riga nera	14
rosso	2	arancio riga nera	15
arancio	3	giallo riga nera	16
giallo	4	verde riga nera	17
verde	5	grigio-nero	18
blu	6	nero riga grigia	19
viola	7	rosa riga nera	20
grigio	8	rosso riga bianca	21
bianco	9	arancio riga bianca	22
nero	10	marrone riga bianca	23
rosa	11	blu riga blu chiaro	24
verde riga bianca	12	viola riga bianca	25
verde chiaro	13	filo spelato (calza)	massa

I Mosfet (o transistor MOS).

In questo capitolo affronteremo lo studio e vedremo l'utilizzo pratico di questi componenti che negli ultimi anni si sono sempre più affermati grazie alla facilità con cui possono gestire elevate potenze benché pilotati con segnali di piccola entità anche direttamente prelevati delle uscite digitali dei microcontrollori.

L'ottimo rapporto potenza/dimensioni e potenza/prezzo fanno del MOSFET il componente ideale per un numero elevatissimo di applicazioni, specialmente per quanto concerne il pilotaggio di carichi in continua ad esempio motori D.C. a spazzole o grossi solenoidi.

Il principio di funzionamento è l'utilizzo dell'effetto di un campo elettrico che si forma tra due piastre quando vi è applicata una differenza di potenziale. La presenza di questo campo controllo un flusso elettronico attraverso un canale che può essere pilotato in allargamento, o strozzamento, a seconda che questi in maniera naturale non ci sia e va formato, oppure sia già presente e va limitato nella conducibilità. Il canale a sua volta può essere di natura "positiva" o di natura "negativa". Ne consegue che esistono 4 tipi di Mosfet. esattamente il doppio delle varianti del BJT.

- Con canale conduttivo formato di tipo n, e il campo lo stringe fino a chiuderlo
- Con canale conduttivo mancante di tipo n, e il campo lo crea, creando una resistenza variabile
- Con canale conduttivo formato di tipo P, e il campo applicato lo stringe fino a chiuderlo
- Con canale conduttivo mancante di tipo P, e il campo applicato lo crea, creando una resistenza variabile

I simboli grafici sono i seguenti, in cui vediamo integrato anche un diodo di protezione del canale contro le extra tensioni dovute all'interruzione rapida dei carichi induttivi. Quelli con la barretta tratteggiata devono formare il canale proporzionale all'intensità del campo (arricchimento o enhancement), mentre quelli con la barretta continua stringono un canale già presente fino a chiuderlo (impoverimento, svuotamento o depletion).

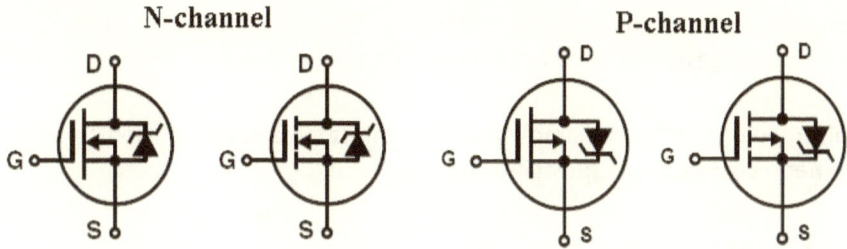

I dispositivi ad arricchimento possono essere idealmente associati a contatti normalmente aperti, o meglio a trimmer con il cursore posto dalla parte della massa (non passa il segnale), mentre quelli a svuotamento possono essere associati a un trimmer con il cursore dalla parte alta, ovvero che lascia passare tutto il segnale quando non c'è comando nel terminale di controllo.

La corrente scorre nel canale tra S e D oppure D e S, con la caratteristica di essere costante in ogni sezione interna del dispositivo, di questa corrente non vi sono fughe verso i terminali di controllo indicati con G, praticamente sempre accessibili dall'esterno tramite un unico terminale G anche se essi internamente sono due e connessi a quelle che grossomodo sono le armature di un condensatore tra quali si sviluppa il campo di controllo.

La corrente nel canale è controllata in definitiva solo dalla tensione al terminale G.

Il Mosfet non è l'unico dispositivo che funziona sfruttando un campo di controllo, ad esempio il jFET, ma è sicuramente il più comune.

Nell'immagine sovrastante vediamo il MOSFET IRFP064, prodotto dalla "INTERNATIONAL RECTIFIER". Le sue caratteristiche di classe "media" per questo tipo di dispositivi lo rende utile per quasi ogni applicazione. Come possiamo vedere questo specifico modello ha l'housing (contenitore) di tipo TO-247, con cui è inseribile nei PCB quando lo cerchiamo nelle librerie dei CAD, ma possiamo trovare MOSFET in TO220 o addirittura in TO92. Ovviamente gestiranno una potenza specifica di ogni caso.

Dal simbolo elettrico notiamo che i terminali cambiano nome rispetto agli elementi bigiunzionali, questi infatti sono:

- **Gate**: terminale di controllo
- **Drain**: Terminale di carico
- **Source**: Terminale di riferimento della maglia di potenza.

Tanto per fare un paragone con un componente BJT di tipo NPN, rispetto al MOSFET a canale N, vale la corrispondenza Gate→Base, Drain→Collettore, Source→Emettitore.

L'attraversamento del canale DS da parte della corrente elettronica avviene incontrando una unica tipologia di drogaggio del canale stesso, quindi il componente fa parte della famiglia così detta unipolare.

La resistenza equivalente del canale, quando questo è pienamente formato, è detta **RDSon, nel modello IRFP064 vale 0,009 ohm, con una tensione tra drain e source di 60V e una corrente di canale Id pari a 70° impulsivi.**

Il comportamento ohmico del mosfet permette il collegamento in parallelo di più canali Ids. Nella figura sottostante vediamo un esempio di controllo in PWM di un motore DC di grossa taglia.

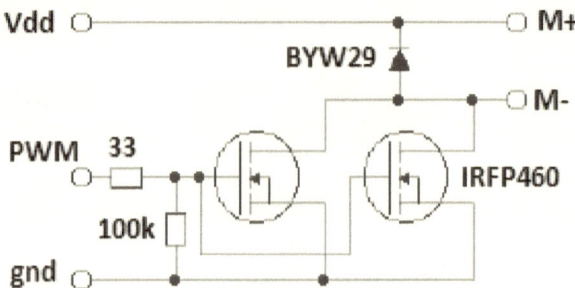

Dato che esistono due tipi di polarità per il canale conduttivo (N oppure P) e che tale canale può risultare già formato e il controllo avviene in strozzamento (pinch), oppure il canale risulta strozzato ed il controllo avviene in arricchimento (enhacement), si può dire che esistono quattro configurazioni del dispositivo e non due come è noto per i componenti bipolari BJT.

Al contrario dei componenti bipolari il mosfet si pilota in tensione e non in corrente, questo pero non significa che non entri mai corrente nel terminale di pilotaggio.

Una corrente impulsiva si instaura nel terminale di controllo quando il mosfet venga pilotato con tensioni impulsive periodiche o non periodiche.

Si tratta quindi di dover analizzare una situazione transitoria, a volte ripetuta in funzione della frequenza di comando che in sostanza rispecchia la costante di tempo che va formandosi tra la capacità esistente tra il substrato e il canale conduttivo (che funge da dielettrico quando la tensione alle armature è pari a zero e la tensione di test è quella indicata al databook).

Il valore ohmico della costante in questione va' ricercato nel complesso della maglia di gate che a volte risulta evidente perché unica resistenza, altre volte ottenuta da sintesi di serie paralleli.

Quando invece il mosfet si trovi pilotato con un segnale a gradino unitario, se trascuriamo la fase transitoria possiamo dire che non vi è corrente al gate ed il dispositivo sia pilotato puramente in tensione.

In sostanza alla dissipazione energetica del dispositivo prende parte non solo la corrente di attraversamento del canale che incontra la resistenza del medesimo, nel caso della saturazione RDS on (del mosfet indicato pari a circa 9 milli ohm), secondo la formula:

$$Pd= (RDSon * Ids^2)*t$$

Ma anche la dissipazione termica dovuta alla corrente di carica/scarica della capacità della maglia di controllo.

Il gate è il terminale di comando del mosfet: variando la tensione presente fra gate e source si modifica la corrente che scorre fra drain e source. Al contrario dei bjt il mosfet viene pilotato in tensione; questo porta al fatto che il gate sottoposto ad una tensione fissa non assorbe corrente, diventa falso quando è pilotato con un segnale variabile rapidamente dato che la capacità è vista come un'impedenza e quindi conduttiva in ragione resistiva..

Questa caratteristica del mosfet è data dal fatto che fra il gate e il resto del componente (parte di silicio in cui sono ricavati il drain e il source), è presente uno strato isolante di ossido di silicio che isola elettricamente il gate da source e drain.

Il nome MOSFET nasce proprio da questa caratteristica (Metal Oxide Semiconductor FET ovvero FET con Metallo e ossido di semiconduttore) Praticamente fra gate e source si viene a formare un condensatore in cui un terminale (armatura) è collegato al metallo del gate, il secondo terminale/armatura è invece collegato alla parte di silicio su cui sono presenti source e drain. Il dielettrico è invece lo strato isolante di ossido di silicio che separa le 2 armature.

In base a questi dati risulta chiaro come mai sul gate, con tensione costante, non circola corrente: come un vero e proprio condensatore il gate, inizialmente scarico, viene prima attraversato da corrente, poi, quando si è caricato, la corrente non circola più.

Se il mosfet viene invece pilotato tramite una tensione di gate impulsiva si avrà una condizione di carica→scarica→carica→ecc. del condensatore gate/source, con una conseguente corrente di gate non nulla dipendente dalla frequenza usata e dalla capacità gate-source. Il valore della corrente è legata a quella della reattanza capacitiva ovvero dalla "resistenza" introdotta dal condensatore, il cui valore è calcolabile con la formula Xc=1/(2 *pigreco *f C), dove f è la frequenza in Hz del segnale impulsivo e C il valore in Farad della capacità gate-source.

Questo fatto è importante quando si progetta un circuito che utilizza i mosfet, perché la parte di circuito che pilota il gate deve essere sufficientemente potente da poter fornire la corrente richiesta al gate/condensatore per caricarsi o scaricarsi.

Leggendo attentamente il datasheet IRFP460, usato nelle schede sviluppate dalla G-Tronic Robotics per i test di questi libri di testo, si nota che la capacita Ciss input capacitance in condizione di test fissate a Vds 25V, f 1Mhz, Vgs 0V è di 2980 pf. Posto che la Vgs max, per questi test, è di +/- 30V con una Igss max di 100nA.

Possiamo calcolare la reattanza della capacità di gate. Poniamo il caso che pilotiamo il ns mosfet con f di 22khz e Vgs max di 30V sostituiamo alla formula:

Xc=1/(2*pigreco*f*C)

Xc=1/(2*pigreco*22khz*2980pf)

Con la capacità in farad quindi pico 10^{-12}

Xc= 2400 ohm circa

Fatto questo, la legge di Ohm V/R=I ci da 30V/2400ohm= 0,0125A

Quindi in condizioni test con valori massimi la corrente max assorbita dal gate sarà di 12,5 mA

Ne consegue che pilotare un mosfet in condizioni ON/OFF (come interruttore statico, o a bassa frequenza di commutazione) comporta calcoli meno impegnativi di quando lo si pilota come switch di al frequenza, ad esempio come finale di inverter, in cui anche il terminale di gate influisce nella potenza complessivamente dissipata e quindi al surriscaldamento. Per questo motivo esistono degli appositi circuiti integrati che si curano di fare da driver per i mosfet degli stadi di potenza.

D-Mos e V-Mos.

Rispettivamente Double diffused Mos e Vertical Mos. Il package D2-mOS è mostrato nella figura. Si tratta di un componente SMD in grado di pilotare una corrente molto elevata e di dissipare il calore sfruttando il corpo dello stampato. Nell'immagine un IRF3704S.

Vediamo le curve caratteristiche di ingresso e uscita del MOSFET IRFP460

Output Characteristics

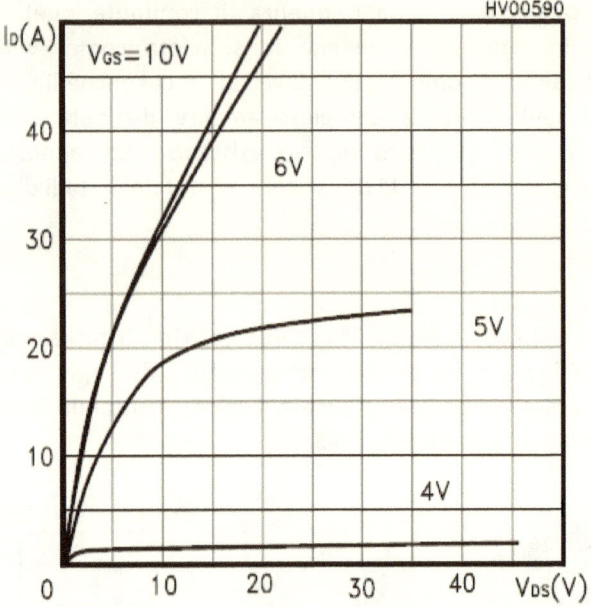

Transfer Characteristics

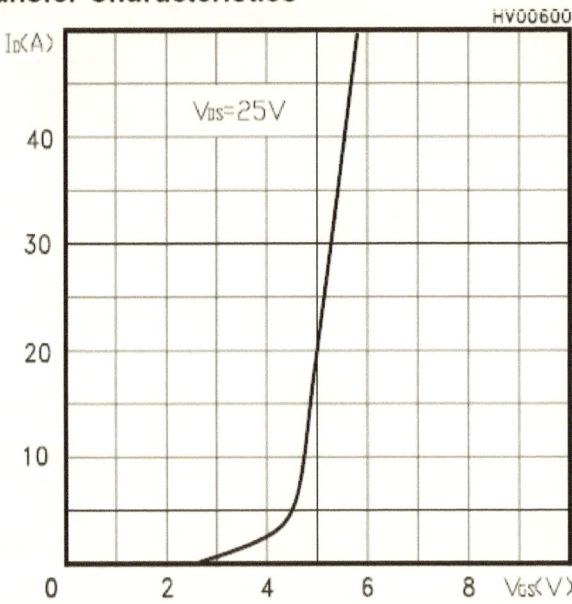

Testare un Mosfet a canale N.

Consideriamo il Mosfet a canale N modello IRFP450, con housing TO-247, da preferire ai modelli con TO-220 nelle situazioni ad alta potenza perché in grado di dissipare più calore. È preferibile anche al modello T=-218 perché il foro risulta isolato elettricamente.

L'aspetto è quello in figura.

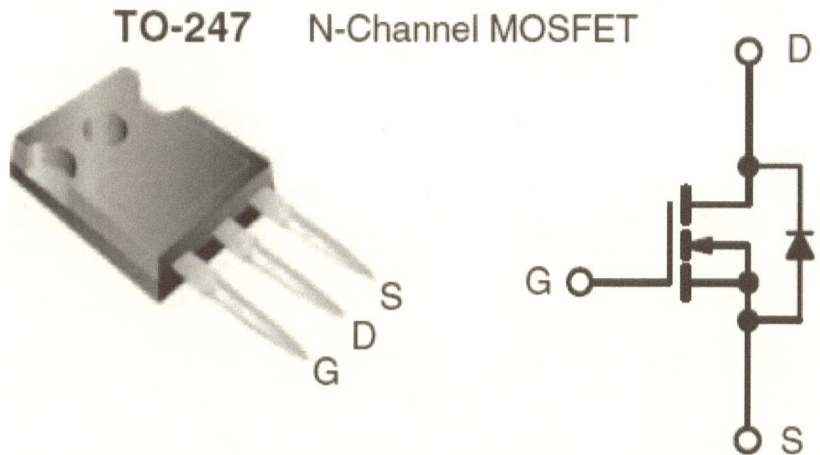

Si tratta di un componente molto performante in grado di sostenere una tensione di 500Volt tra drain e source (V_{DS}) con una corrente tipica di 14 ampere attraverso il canale in maniera continua e ben di 56 ampere impulsata.

Quando tra Gate e source sono applicati 10V la resistenza residua misurabile ai capi del canale ($R_{DS(on)}$) vale 0,4 Ohm.

Vediamo il caso in cui questo componente sia bruciato.

Procedura: Con un multimetro digitale (tester), posto in ricerca corti ovvero cicalino, si ponga il puntale positivo nel drain (pin centrale) e il negativo nel source (pin di destra), se viene segnalato un corto si potrebbe già affermare che il componente è fuori uso.

Per avere conferma sposteremo il puntale rosso al Gate e manteniamo il nero al Source, se troviamo un basso valore resistivo le armature della capacità equivalente di gate non sono più in grado di accumulare le cariche utile al controllo del canale conduttivo.

Nel caso che il Mosfet funzioni il collegamento Drain–Source del cerca corti non deve rilevare conduzione, ovvero non suona.

Ponendo il puntale positivo nel Gate e il negativo al Souce si verifica la carica della "capacità" equivalente formata tra il substrato e le armature di gate. Ora che il gate è carico, manteniamo il puntale negativo nel source ma spostiamo il positivo al Drain (pin centrale), nel display del tester comparirà la resistenza tipica ($R_{DS(on)}$) che vale 0,4 Ohm, questa permane fin tanto che il condensatore di Gate rimane carico.

Quello che abbiamo fatto non è altro che forzare "l'accensione" del transistor.

Per scaricare il substrato invertiamo la polarità mettendo il puntale negativo al Gate e quello positivo a source.

Il canale N si apre e le resistenza $R_{DS(on)}$ scompare interdicendo la conduzione Drain-Source.

La procedura di test dei transistor mosfet a canale P viene lasciata al lettore come utile esercizio.

Benché i Mosfet sono disponibili in vari package il metodo di test non varia e come informazione restituisce, oltre al fatto che il componente sia integro o meno, anche la resistenza residua di canale.

Bibliografia

Gottardo, M. (2017, 7 Gennaio). *Elettronica e laboratorio con tecniche SMD. Vigonovo Venezia: Edizioni Gottardo, www.lulu.com.*

Gottardo, M. (2016, 10 Aprile). *Operazionali. Vigonovo Venezia: Edizioni Gottardo, www.lulu.com.*

Gottardo, M. (2014, 20 settembre). *SMD no fear!!! La prima esperienza smd. Vigonovo Venezia: Edizioni Gottardo, www.lulu.com.*

Gottardo, M. (2012, 5 settembre). *Let's GO PIC!!! The book. Vigonovo Venezia: Edizioni Gottardo, www.lulu.com.*

Gottardo, M. (2015, 8 luglio). *Let's program a PLC!!! Edizione 2016. Vigonovo Venezia: Edizioni Gottardo, www.lulu.com.*

Gottardo, M. (2015, 15 gennaio). *Let's Program a PLC!!! Esercizi di programmazione dei PLC modelli S7300-400 e S7200 TIA Portal S7-1200 WinCC flexible per HMI,Vigonovo Venezia: Edizioni Gottardo, www.lulu.com*

Gottardo, M. (2015, 7 Settembre). *Advanced PLC programming. Vigonovo Venezia: Edizioni Gottardo, www.lulu.com.*

www.ingramcontent.com/pod-product-compliance
Lightning Source LLC
Chambersburg PA
CBHW031944170526
45157CB00002B/384